Ouvrage publié dans le cadre du Programme d'Aide à la Publication
Fu Lei de l'Ambassade de France en Chine
由法国驻华大使馆的傅雷出版资助计划资助出版

编辑出版指南
印刷的窍门

图书在版编目（CIP）数据

编辑出版指南：印刷的窍门 /〔意〕玛格丽塔·马里亚诺著；宋春明，薛巧钰译 .—
南宁：广西美术出版社，2023.3
书名原文：Le guide de la fabrication
ISBN 978-7-5494-2543-3

Ⅰ . ①编… Ⅱ . ①玛… ②宋… ③薛… Ⅲ . ①印刷品 —指南 Ⅳ . ① TS8-62
中国版本图书馆 CIP 数据核字（2022）第 183200 号

Original title: Le guide de la fabrication © EDITIONS PYRAMYD, 2021

This edition published by Guangxi Fine Arts Publishing House Co. Ltd under licence from
EDITIONS PYRAMYD, 5, rue d'Hauteville, 75010, Paris, France.

编辑出版指南：印刷的窍门
BIANJI CHUBAN ZHINAN YINSHUA DE QIAOMEN

著　　者：〔意〕玛格丽塔·马里亚诺
译　　者：宋春明　薛巧钰
图书策划：韦丽华
责任编辑：韦丽华　吴谦诚
助理编辑：苏昕童　郭玲玲　陈奕君　黄恋乔
装帧设计：陈　欢
美术编辑：李　力
校　　对：张瑞瑶　李桂云
术语审校：胡　敏
审　　读：陈小英
出 版 人：陈　明
终　　审：谢　冬
出版发行：广西美术出版社
地　　址：南宁市望园路9号（邮编：530023）
网　　址：www.gxmscbs.com
市 场 部：（0771）5701356
印　　刷：当纳利（广东）印务有限公司
版　　次：2023年3月第1版第1次印刷
开　　本：889 mm×1194 mm　1/16
印　　张：16.5
字　　数：260千字
书　　号：ISBN 978-7-5494-2543-3
定　　价：128.00元

著者：〔意〕玛格丽塔·马里亚诺

译者：宋春明　薛巧钰

编辑出版指南
印刷的窍门

广西美术出版社

目 录

前 言

一份基于信任的工作

假设你手头有一项印刷品的制作任务，或许是请帖、海报、宣传册、杂志、年报、商品目录、书籍等，类型不尽相同，但无论制作哪一种类型的印刷品，遇到的问题都是一样的。

在技术层面，你可能只是略有所知，也可能已经得心应手，又或者根本一窍不通。也许你并不是一个专业的印刷从业者，也许你只是被这个行业的魅力所吸引，但当你要具体着手制作时，心里总会带着一丝担忧，因为面临的挑战是多样的：你需要管理预算，遵守各项工作的时限，同时还要保证印刷品具备一定的质量。

这种担忧就类似你去看牙医或者前往修车行时心里产生的无力感：我们见到了专业人士，现在必须交给他们一个困难的任务，但我们却无法对他们的行为进行任何管控，也不知道最终他们的治疗或修理行为是否与我们支付的账单相匹配。

这时最好的办法就是选择你熟悉的、能够真正信任的专业人士。

本书将教你如何在恰当的时机提出恰当的问题并加以解决，而不是强迫你掌握每个繁琐的技术细节，因为随着科技的进步，技术也在发生变化。

制作一份印刷品和缝制衣服或建造房屋一样，需要掌握多个领域的多种技能。然而，要掌握这些技能并非旦夕之功（即便耗费一辈子也未必足够！），因此重要的是把精力放在正确的地方，直指问题的核心。假设你要建造一栋独栋小楼，不同的工人会帮你砌墙壁，安水管，装窗户，铺地砖，你对材料与样式的选择一部分取决于你个人的品位，另一部分则需要听取专业人士的意见。当个人意见与专业意见相互谱写出一曲"协奏曲"时，整个项目没有任何理由会不成功。你的任务就是做出正确的选择，同时也要让专业人士能够尽情施展才华，这样才能建立起双方的相互信任。

没错，要使工作能够顺利地进行，信任必须是相互的！

若你在工作中粗心大意，把错误的产品编号放在销售网页上，你可能只是会失去一些订单或者顾客，但这个错误并不会带来物质上的损失与消耗，因为你与顾客的沟通还停留在非物质层面。而若你在制作年报、书籍或者杂志等印刷品时没能做到妥善管理，涉及的是高达几十万欧元的成千上万张纸的消耗，所有的钱都会打了水漂。

因此，最先要解决的问题既不是纸张的纹理，也不是颜色的管理，更不是印刷的尺寸。真正的问题是：谁是整个项目的决策者？换言之，谁来指派任务？钱从哪里来？用在谁的身上？

这是在讨论技术层面之前必须提的第一个关键问题：谁是决策者或出资人？

如果决策者就是你本人，那么你需要把工作分配给一个或者多个专业人士，而后者也会基于你的指示去和他们自己的供应商或者加工商沟通。根据你的需求，整个印刷工业（制版师、造纸商、印刷商、丝印商等）都会给出他们的建议与意见。选择一个你关注的专业人士并倾听他的声音，当他的提议与你的想法相契合时，你就可以安心地签下报价单并且着手制作。

如果你不是拍板的人，也没有付款的权力，你必须想尽一切办法在每一个决策环节前安排一个审批流程，例如在本书的每一章节后面都附有一个检查清单（check-list），旨在帮你厘清所有的关键点。

整个印刷品制作的过程充满着各种各样令人无奈的插曲。例如负责联络的工作人员在没有完全理解的情形下就囫囵吞枣地接受了设计师的建议，草草地决定了纸张、插图和图片处理方法等一系列方案。由于缺乏沟通，拍板时上级领导第一次看到这些与他／她想象中完全不同的选项，他／她很有可能会全盘否定或部分否定现有方案。而这将影响整个制作流程，造成后勤与经济上无可挽回的损失。

为了避免出现类似上述例子的情况，在工作中请一定要时刻保持真实、务实、耐心，甚至学会与人"较真"。在开始构思预算之前，要仔细确认项目的每一个步骤；在真正付诸行动之前，请通过索要样品、进行测试或获取设计草案等方法给予决策者一个明确的概念。要确保你的每一次沟通与批准都留有书面记录，优先使用电子邮件，尽量避免发短信，短信有时容易丢失，可追溯性较弱。

管理好一个项目，就是在工作开始前与进行中能够有条不紊，避免错误印刷导致的时间与金钱的浪费。

成功制作一份印刷品，就是挑选一个有助于产品销售与概念传播的精美载体。

三个关键词：合理、严谨、前瞻。

四个基本点：明确职责、制订计划、反复核对、保持监管。

成功从养成好习惯开始。你可以在每个章节后找到一份检查清单，上面列出了主要的工作步骤，以便在推进工作时能快速地找到自己所处的位置。为了更好地与服务商沟通对话，本书的后面有一个术语对照表，列出了印刷品制作流程中的关键术语。我们也会不时地提出一些恼人的问题，在这个领域里没有所谓的"蠢问题"，我强烈建议大家有问题就问，切勿害羞胆怯。人类学家有言道：疑虑是与生存本能相关的自然天赋。消除疑虑是获取知识的最佳途径，同时也能在推进工作的过程中建立信任与安全感。人们常说，只有经验教训才能让人牢记于心，你在本书中可以找到我成功的一些诀窍，当然也少不了看到我踩过的坑，让你可以避免犯同样的错误。没有人是完美的！

第一章

组　织

坦诚地说，印刷品制作并非一项休闲活动，尤其是对那些要真正着手印刷计划的刚入行的新人来说。

一个真正的制作人时而要扮演一个"冷酷无情"的买方，时而要充当一个善于聆听病人心声的精神科医生，时而则像一个拥有强大组织能力的夏令营辅导员。一个真正的制作人能面面俱到、高瞻远瞩，遇到任何工作失误与延迟能处变不惊，面对无法预见的问题能随机应变。

但制作人并不是超级英雄，上述这一切能力可以归纳为两点：集中力与判断力。只要有足够的好奇心与条理性，任何一个人都可以管理好一个制作项目。为了出色地完成任务，制作人要懂得如何善用服务商的知识与技能。整个制作过程多少有些漫长，并且涉及许多不同的行业，因此要将它们串联起来，"焊"成一条笔直的链条：制作人的任务是监督好链条上的每个环节，找出其中可能存在的"裂痕"并保证每个工序能良好运作。

无论是要出版书籍杂志，还是要制作传单或一张简单的邀请函，流程大体是一致的，其中的关键因素是前瞻性。在咨询印刷商之前，先不要急着确定产品的尺寸、纸张与装订方式，因为你可能面临以下风险：

1. 印刷商所需的印刷时间有可能会超过你期望的最终期限（deadline），即便产品质量能达到预期水平，也会损害整个项目；

2. 为了满足你的招标要求，印刷商有可能需要使用新的生产设备或生产方法，导致增加不必要的开销，从财务角度来看没有任何好处（一个优秀的制作人必须知道如何利用现有的生产工具尽可能地实现自己想要的产品）；

3. 在印刷的过程中可能会遇到技术难题，你将面临两种选择，要么是急急忙忙地寻找其他的供应商，要么就是给当前的服务商支付一笔高昂的追加费用，这时只能怪自己当初没有仔细确认其生产能力是否符合项目要求便草率地签了合同。

因此，我们应该从后往前逆推。首先要回答的问题是：制作什么产品？什么时候完成？其次才要考虑产品的性质与定位，以便决定产品的价格与质量应当处于哪个区间。再次则是要建立三份文件：产品详情单（descriptif）、进度计划表（planning）及预算表（budget），这三者缺一不可，只要运用得当，在整个制作过程中即便遇到各种干扰与阻碍也不会偏离方向。

产品概要

当我们着手制作一份印刷物时，通常会以为第一步是先从排版与图片处理开始，完成后再把文件发给印刷商。然而事实上，制作工作早在这之前就正式开始了，它应当从制订周密的计划与预测产品的"美好结局"（happy end）开始，一直以来我们都做得不够。

所以无需惊讶，我们最初要思考的问题并不是狭义上说的"开工"这一概念。

你的脑子里或多或少对即将要制作的印刷品已经有了一些想法。建议第一步是尽可能详细地将其描述出来，这能使你明白目前哪些情况已经明朗，哪些问题值得深入研究。

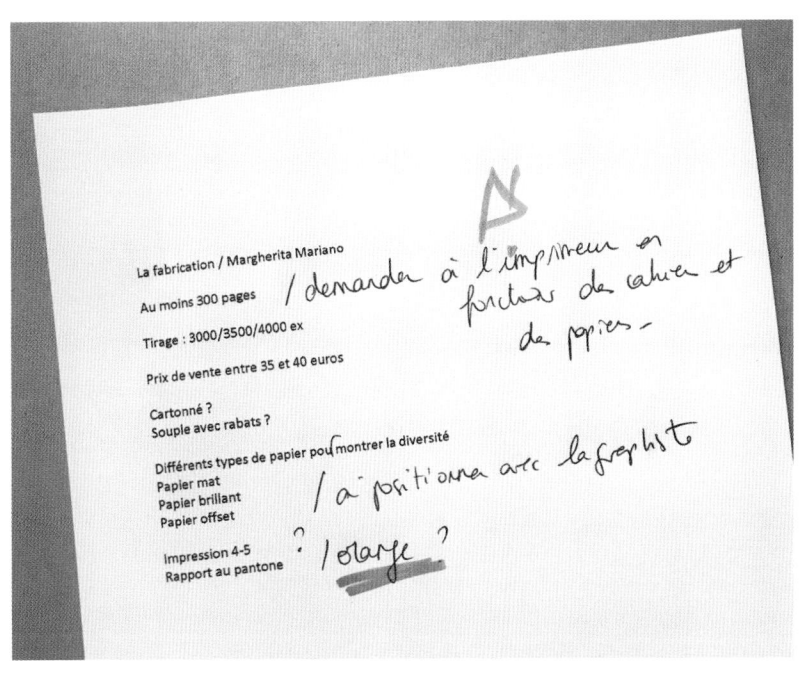

开展工作的多种方法

* 如果你的附近就有印刷品制作商：请不要犹豫，尽快前去咨询吧！

* 如果你的附近没有制作商，你可以选择：

1. 求助于独立制作商。

2. 利用关系网，让人推荐一个优质的印刷商，千万不能盲目选择，一个好的服务商会跟你分享他们的知识并提供宝贵的咨询服务。即便他们的价格有时较高（并不一定），但请别忘记，若是制作过程中出了差错，有可能要支付更加高昂的代价。

3. 可以参考这本指南！当你陷入死胡同欲求出路时，说不定能在书里找到问题的解决办法。若你是个刚入行的新手，建议在陷入困境之前，最好先浏览一遍本书。

你对术语不熟悉？

　　没关系！制作人、制版师和印刷商的大脑里都会自备一个"翻译机器"，专门负责将你的需求与含糊的表达翻译为专业术语，以填补你在专业知识上的空缺。请注意，他们的大脑里可没有配备"蓝牙设备"，无法直接与你的大脑相连，为了避免误会，在沟通中禁止任何暗示与默许行为。例如你可能会说"这不是不言而喻的吗？""我觉得很清楚了""之前一直是这样的，不是吗？"这类专业人士已经听到耳朵长茧的话语，这些容易造成误解的简单指令往往会使人陷入困境，进而造成时间与金钱的损失，甚至是无可弥补的错误。

前瞻就是行动

　　产品详情单要尽可能完整与详尽，必须包含包装与送货的条款。试想一下这样的情景，你需要运送 3000 份展览手册到一个位于市中心的画廊，送货当天，卡车开进了一条单行道，附近找不到能卸货的停车位，手册没有打包好，散落在托盘里，送货员因此拒绝卸货，再加上一整天阴雨连绵不断，还有一个小时展会就要开始……简直手忙脚乱！

第 4 步（见第 15 页）：在开始真正意义上的制作工作时，我们才会精调排版与校对文字。

其实只需提前和印刷商沟通好，让他们安排好一辆带有尾板的小型货车，配上一辆叉车和一些能装 5 千克左右货品的纸箱，这样画廊工人可以迅速地在人行道上卸掉货物的托盘并装箱，避免货物大量堆放在路边。是的，这么做既有效又有条不紊。对每个细节的前瞻会为你省下大量的时间与金钱，也可以让你获得领导或是客户的赞誉，能够使你避免各种烦恼。

2

进度计划表

整个制作活动就像一场接力比赛，需要协调性与精确性，因为有些工作是交叉重叠而有些工作是可以互相替换的。

以下是按时间排列的制作工作的主要步骤：

1. 收集一切相关的文字和图片，数字或模拟的都可以（底片、幻灯片、不透明的图片例如晒印照片，等等）
2. 在排版前先分析图片的质量与分辨率
3. 进行版面设计
4. 精调排版与校对文字
5. 编辑图片，优化色彩表现，进行印刷测试并做必要的调整
6. 生成 PDF 文件并发给印刷商
7. 检查印刷商的打印蓝纸
8. 印刷
9. 装订前检查印刷出的印张
10. 装订
11. 确认包装与运输的要求
12. 检查书籍样本
13. 批准送货
14. 检查发票信息，确认无误后再付款

本书制作进度计划表中的各个步骤	2019								
	六月	七月	八月	九月	十月	十一月	十二月	一月	二,
书店销售									
仓库发货									
印刷									
纸张订购									
书籍设计									
制版									
校对									
完成图片搜集									
编辑									
初步搜集图片								■	■
写作				■	■	■	■	■	
初步构思			■	■					
确定书籍主题/签订合同	■	■							

	2020										2021	
三月	四月	五月	六月	七月	八月	九月	十月	十一月	十二月	一月	二月	三月

一份好的进度计划表是成功的基础，甚至比专业技能还重要。然而，制作一份进度计划表的目的并不是让大家严格遵守里面的每个日程，而是设想制作过程中会发生的每个事件，再根据实际情况来安排自己的工作。比如我们不可能到把文件发给印刷商的前一天才去选择纸张，必须提前几个星期甚至几个月就要确定下来，这要视产品的性质和纸张的类型而定。假设你的客户或者是设计师选用了一种特种纸，印刷会需要更长的时间，导致无法按照预计时间发货，那么你需要及时与印刷商沟通，让他们拿出替代解决方案。

纸张订购时间很大程度上取决于产品的性质与类型：名片或传单印刷所需的纸张几乎是随时有货，但若是印刷请柬的特种纸则要等上几天，如果是更复杂的产品就要等待 1 周至 6 周。（见第 32 页与第 123 页）

"着急"是有代价的

如果你需要在很短的期限之内发货，而且超出了印刷商的能力范围，这需要印刷商调用更多的人力、物力或者寻找其他分包商，此举将产生高额的费用。相反，若是你给的交货期限较长，且恰逢服务商的空档期，则有可能获得价格上的优惠。制版师与印刷商有时会承接一些特定的工作，因而产生一些周期性或季节性的项目（例如学校的印刷服务或者是年末画册、月刊、周刊等）。如果你愿意避开他们的生产高峰，允许他们把你的订单塞进一个空档期中，他们甚至会主动提出让利。

应当怎么做？选择什么日期？

如果可以的话，尽量在向服务商询问价格的同时与他们沟通交货的期限以及加急的费用，以便他们弄清你的需求，并且更加准确地估算之后可能产生的费用。

如果你不能确定具体的日期，则要让印刷商告诉你产品制作的制约因素及相关费用：你可以立刻知道自己是否应该坚持订购某种纸张，这也将决定印刷商是否能够遵守生产期限。要知道印刷商需要管理十分复杂的工序，当他们把部分或者全部的装订工作外包时，或是当他们求助别的同行帮忙上光、烫金、丝印、包装时，他们会把这些工序都纳入整个日程进度表当中，其中也包括把印刷材料转移给分包商的时间。

恼人的问题

为什么我不能在选择印刷商和签署项目之前就确定产品概要？

美学上的选择往往会产生技术上的要求。例如你打算使用四色印刷来印刷一份宣传册，但突然意识到客户的标志（logo）需要使用专色印刷（Pantone）。而你此时已经与一个使用四色印刷机器的服务商签订了合同，导致需要二次印刷，增加了机器的运行成本。因此，最好从一开始就有清晰的思路，下单之前要咨询一个或多个服务商。

3

预算单

在真正着手印刷品制作之前，你必须对以下要素有清晰的了解，尤其是要知道它们在预算表中的逐项体现。

文本：撰写，校稿，著作权。

插图：平面设计师、插画师和摄影师的酬劳，图片的复制权。

排版：图表制作，统一字体格式，版面布局，编辑校对。

此外，还有三大项需要计算费用：

* 制版 / 印前准备

* 印刷 / 纸张 / 装订

* 包装 / 运输

精确地把控预算并非难事：确保向服务商索要报价单之前没有遗漏任何事项。随着工作进展，要定期检查自己是否遵循预算框架中的每一点。

书籍名称：世界纹身图集
ISBN：9782350173658

货币汇率：1美元 = 0.94欧元
2017年1月16日

	初版		第一次加印		第二次加印		第三次加印	
印刷地	中国		中国		中国		欧洲	
印刷数量	4000		2621		1535		2000	

印刷费用

货币	美元	欧元	美元	欧元	美元	欧元	美元	欧元
印刷单价	$5.95		$6.50			5.85 €		7.40 €
印刷总价	$23 800.00	20 944.00 €	$17 036.50	16 014.31 €		8 979.75 €		14 800.00 €

出版费用

	初版	第一次加印	第二次加印	第三次加印
书籍翻译	5 567.00 €	- €	- €	- €
调色	84.00 €	- €	- €	- €
封面设计	300.00 €	- €	- €	- €
校对	1 196.00 €	- €	- €	- €
总计	7 147.00 €	- €	- €	- €
运输与报关费用	1 900.00 €	1 456.89 €	1 071.57 €	含在印刷费用中
总成本（不含税）	29 991.00 €	17 471.20 €	10 051.32 €	14 800.00 €
单册成本（不含税）	7.50 €	6.67 €	6.55 €	7.40 €
售价（含税）	37.00 €	37.00 €	37.00 €	37.00 €
售价（不含税）	35.07 €	35.07 €	35.07 €	35.07 €

以上是一本与一个英国出版集团共同制作的书籍的各项预算。该书首次印刷在中国完成，第一次加印与第二次加印同样在中国完成，但后两次加印不再包括出版费用。而最后一次加印在欧洲完成，可以避免产生海运与报关费用。

项目有变怎么办？

如果无法扩充预算或者提高产品售价，那么多花的每一分钱都意味着利润的减少。总的来说，在真正确定产品的每一项参数前不要签下任何订单。我们总是喜欢在这多花一点钱，在那又多花一点，结果导致与最初制订的预算相偏离。若在制作过程中确实出现了变数，请在进入下一步之前估算产生的具体费用。

无论是什么情况，一旦预算发生偏离，要尽快联系服务商，询问他们是否能给你一些技术或策略上的建议，以重新平衡收支，使你渡过难关。

控制预算是关键

服务商随时可以为你提供建议，当预算有限时（或者对产品要求较高时），千万不要抱怨他们提供的服务太贵。与其言贵，不如明确告知他们你手头的预算并询问是否能够购买与之相匹配的服务。你可以把预算中某一项的费用调整至其他项目以保持账目平衡。例如，你想聘请一位优秀的制版师并进行图像表现测试，你可以减少插图的总数，或者保持插图的原有数量，但不检测每张图片的细节，只抽选其中有代表性的图片作为样本进行测试，进而对图片整体进行调整。再如，你可以修改预算中的一个或多个基本项目，将其调整至你最关注的细节部分；如果希望制作一个精致理想的书籍封面，可以通过减少纸张的定量或页数，甚至更改尺寸等方法实现预算调整。

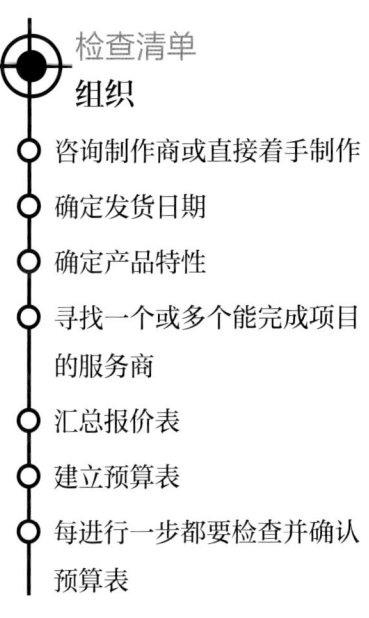

检查清单
组织

咨询制作商或直接着手制作

确定发货日期

确定产品特性

寻找一个或多个能完成项目的服务商

汇总报价表

建立预算表

每进行一步都要检查并确认预算表

第二章

周　旋

要知道，印刷品制作并非一项单人竞赛，而是一项团体运动。

建立一支能够取胜的队伍并且确定每个人的职责是你的第一项任务。

无论是通过翻看专业刊物还是通过口耳相传，你都可以找到服务商，你需要根据负责的产品特性进行选择。

最好的办法是参考类似产品后面附带的制作团队名单，你可以去逛书店或者前往出版社翻看书籍或期刊，或者参加一些书籍展销会或者展示活动，在那里你会获得大量的相关资料。

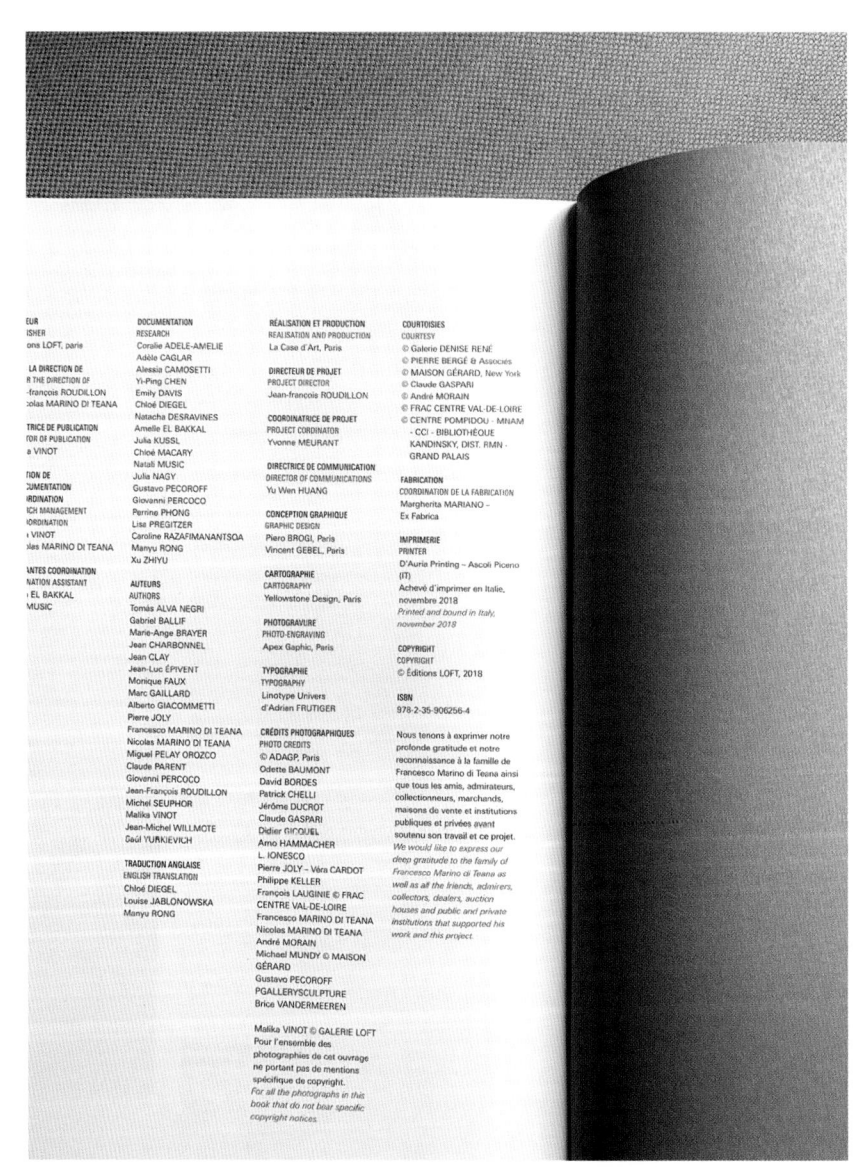

选择服务商

对所有人来说，选择一个适合自己需求的合作伙伴的标准都是一样的，但每个项目的优先事项不尽相同。请先确定你的优先事项！

质量

大家都会优先关注产品的质量，但高质量有时是有代价的。高昂的支出并不一定是那把能够打开成功大门的钥匙。如果只是要制作那种大量投放到用户信箱里的免费传单，你不可能去找 LVMH（酩悦·轩尼诗－路易·威登集团）的服务商。反之，如果你要制作展览手册、企业年报或者一张寄给总理的贺卡，一定要找到经常制作此类产品的供货商。只要建立好恰当的标准，保证印刷商的机器能以最佳方式运转，也未必需要支付高额费用。提到质量就会想到服务，而服务是由团队的存在与良好的工作环境提供的，它会对价格产生直接影响。一份紧急工作通常意味着要彻夜加班，也就意味着费用的增加，因此在做决定时，要清楚该决定带来的后果。

价格

理想的情况是能有 2 份至 3 份报价单进行对比，报价最优者中标。与服务商讨价还价是再正常不过的事情，但议价时切不可得寸进尺，辱人智商。每个人都期望获得一个远低于市场现实的理想折扣价，服务商们对此可是一清二楚！

与其绞尽脑汁地降低价格，不如开诚布公地与服务商讨论不同报价单中的价格差异，以更好地了解这些差异是如何产生的。你可以干脆向服务商"摊牌"，把想

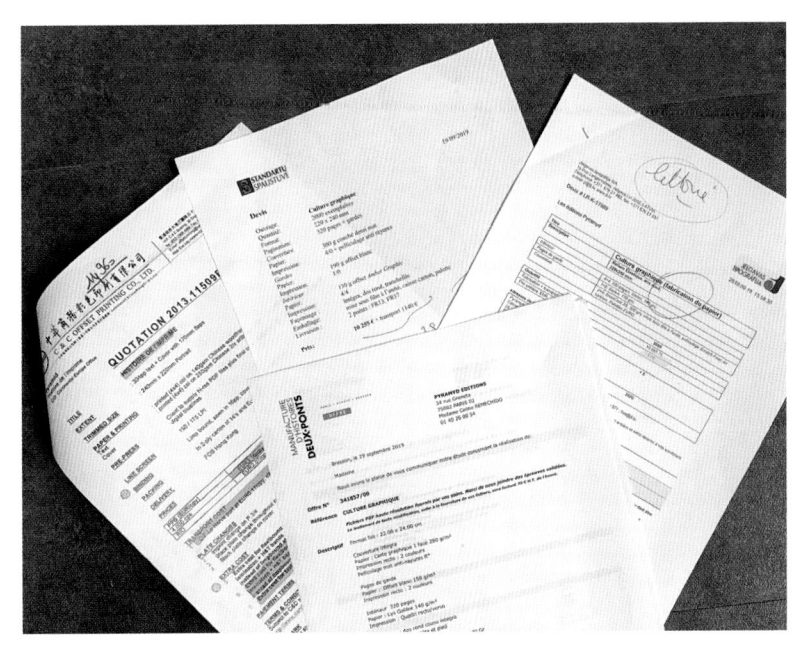

法光明正大地告诉他们，这时说不定还能收获一份惊喜：你不用开口压价，服务商会主动地提出价格调整。当一个最初报价较高的服务商根据你的想法仔细研究他们的方案后，很有可能会分析并指出其他报价方案中连你都没注意到的细节，进而重新审视他们的方案，最终将价格降至你的预算之内。这就是好奇心带来的回报！至此，你再次向他们提出让利的要求，他们便会乐意地接受，毕竟"利人者利己也"。

期限

　　如果你的时间充裕，可以尽情地讨论与议价。全球范围内有各式各样的、数量众多的服务商供你选择，通过网络，我们能轻易地将文件从世界的一端传送到另一端，一切都很便利。但如果制作期限较短，你的选择范围和你的利润也会随之减少。此外，千万不要认为制版工作室或者印刷厂能像复印机那样随时对你有求必应，和你一样，所有的服务商也会面临各种迫切的需求，管理一个工厂并非易事，每日会有大量的印刷任务接踵而至。印刷一本作品表面上只需要几个小时或者几天时间，但并非每个印刷程序都是按部就班地进行，而是会被分解并嵌入一份总的印刷计划表当中。印刷商告知你的期限实际上包括了他们对企业内部管理、可能出现的延误、印刷过程中出现的故障、转移生产材料给分包商等耗费时间的预估。了解服务商的生产能力（印刷机器总数）与他们的主要客户构成有助于你在关键时刻选择最佳的合作伙伴，因为一切事物都是息息相关的。例如你找到的印刷商因擅长印刷学校教材在业界颇有名望，那便应该避免在每年 5 月的印刷高峰期或者在教育部部长宣布要更改教学内容的时候给他们分派紧急印刷任务。

距离

　　倘若你选择在一个遥远的但成本较为低廉的国家印刷并期望因此获利 20%，那么确保你能接受相较本土印刷两倍以上的交付时间。在亚洲印刷并通过货船运往欧洲一般需要四周，这还没算上报关的时间。不说别的，即便在欧洲大陆印刷，印刷流程虽然受物理距离的影响较小，但也可能如同在别的商业领域一样遇到语言障碍或者文化差异，使交易过程变得困难。倘若你不会说英语，只能寄望于你在拉脱维亚的印刷商手下有员工能够流利地说你的母语。最后一个建议：你可以选择一个离你很远的印刷商来满足你迫切的印刷需求，但印前准备的图像处理工作最好交给一个当天立刻就能轻松联系上的服务商。因为遵守发送文件给印刷商的时间十分重要，最后一刻需要修改的情况并不罕见，找到一个能随时联系到的合作伙伴可以避免让自己陷入不必要的尴尬困境当中。

服务

　　无论是在当地还是 2000 公里以外，服务好坏的差异体现在你的材料被对待的方式，而且从报价阶段就开始了。或许你可以在街边找到一个小印刷商并直接与老板交谈，但无论在哪个国家，当与一个有数十人甚至上百人的印刷厂合作时，请认真评估其商务代表的业务水平以及他 / 她的决定权。一个好的代表在技术咨询中应该表现积极且无所不知，能快速高效地交付报价单并且参与每个生产环节。这个人是你的向导和顾问，甚至在遇到问题时充当你的辩护人。冲突管理在所有的商业交易活动中都是一个关键因素。你自己应该是一个可靠的客户，你也需要一个可靠的合作伙伴，你们之间必须开诚布公地讨论各种棘手的问题，例如追加费用的产生，生产质量未达预期或者交付延迟，等等。建议多浏览服务商的网站，多咨询曾经和他们合作的其他客户，积极向服务商索取参考资料、样书、版面设计等，以备不时之需。

2

图像设计链的各个环节

如果你的团队中没有一个真正意义上的制作人的话，最好一开始就决定好由谁来扮演这个角色。在这个领域中有大量出色的设计师有跟进印刷品制作工作的能力。因此，重要的是工作伊始就明确好责任分工，即便是一个小小的责任缺位也可能给你带来麻烦。

比如谁来检查发给印刷商的文件？谁来负责制订报价单和订单？谁来审核报价单与订单中的每个项目是否与印刷商的介绍相符？谁来检查进度计划表是否正确执行？谁来监管印刷量？谁来检查纸张使用是否合适？谁来为包装、运输与送货下指示？谁来检查发票？如果你的预算不足以聘请一位专职的制作主管，也请你意识到任务是多么地纷繁复杂。你可以选择把工作交由乐意帮助你的服务商负责，也可以选择明确每一个参与者的职责，不能留下任何模糊不清的地方。

图像设计链的各类职务头衔在 20 年前还算清晰，如今却变得越来越模糊，首先是因为科技在不断进步，其次是每个人负责的工作内容逐渐交叉叠加。

计算机辅助排版（mise en page assisté par ordinateur）与相关工具的普及也促进了工作内容的细化，这些工作理论上可以交由不同的专业人士，以互相交错的方式完成。

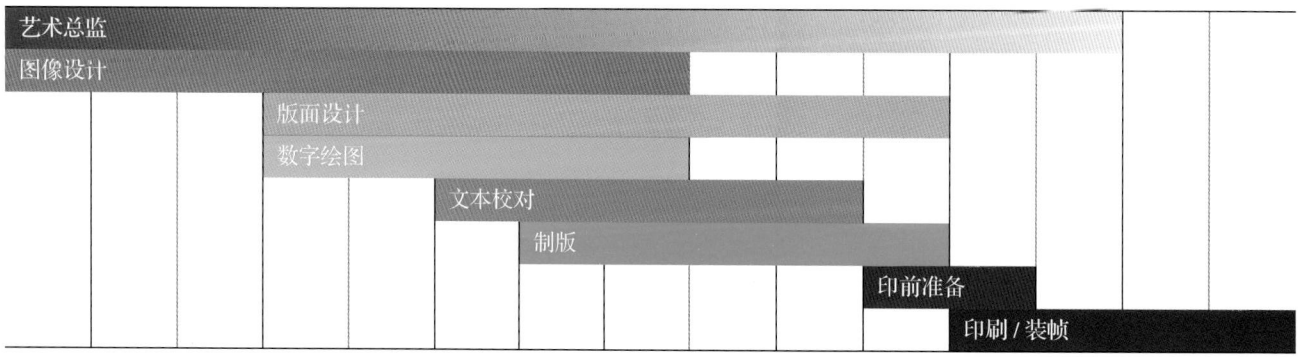

从理论上说，所有人都可以借助如 InDesign、Illustrator 或者 Photoshop 这类软件来完成排版或者图像处理工作，但能够使用这些软件并不意味着你就是一个制版师或图像设计师。同理，你不能只凭会使用 Autocad 软件就说自己是一个建筑师。

无论你是图像设计领域的从业人员还是单纯的用户，了解以下的专业头衔对你都是有帮助的。你可能以为自己在出售或购买某种服务，但实际上你提供的或消费的是别的东西。

图像设计项目通常始于一个想法：希望通过字体、材质、尺寸、整体外观等元素赋予内容一个外在形态。

在项目中排首位的是艺术总监（directeur artistique）。他／她是一个概念的设计者，他／她要将文本与图片展现在人们面前并通过协调两者以实现有效的视觉传达。

恼人的问题

谁来修改图片？谁来删除画面细节？谁来添加缺少的材质？

是图像设计师在设计版面的时候？还是调色师在调色的时候？或是排版人员在校对完排版文件更新图片的时候？若决策者没有在预算中写明该项支出，那么每个人都希望让别人来完成，这种情况时有发生。因此，预先确定哪一个人负责这项工作并获得相应的报酬是至关重要的，不然可能会引发争端。如果你是图像设计服务的提供者，最好把所有的条条框框都列举清楚，以免客户对你提出追加要求。如果你作为客户向别人购买服务，要有先见之明，别自以为是地认为图像设计工作不过是简单地动动手指罢了，否则你怎么不自己做呢？工作的有序进行很大程度上有赖于减少不必要的争端，每项工作都应该能在预算表中找到对应支出。

他／她的工作是做出抉择，下达命令并监管总体工作进度与流程。

我们在此以建筑师类比，一个建筑师设计房屋，然后指导工人如何填土、封顶，如何进行建筑空间管理，但其本人并非进行实际操作的建筑工人，即便他／她有足够的能力监管并保障建筑物同时拥有牢固的结构与修饰框架的细节。

通常会有一个至多个版面设计师（maquettiste）协助艺术总监，前者的工作主要是如何有效并巧妙地将字体与插图等元素镶入一个预先确立好的框架当中。如今，一个平面设计师自己设计框架并且自己完成排版工作的情况也不罕见，我们将之称为执行设计师（l'exé）。

这就是我们使用"图像设计师"（graphiste）这个更笼统的概念的原因，它指的是能够同时具有字体设计、排版与图像处理能力的专业人士，甚至具备艺术总监那样提出概念设计的能力，这个职业有时还会代替数字绘图师（infographiste）完成诸如数字图像创建、连环画上色、卡片或 logo 设计甚至创意修图之类的工作。

事情因而变得复杂起来，职业与职业之间的界限变得越来越模糊不清。在出版与传播领域，有时因为预算不足无法聘请多个图像工作人员，这时一个图像设计的多面手便拥有很大的优势，不会受到纯经济原因的制约。

校对员（correcteur）这个职业在西方出版业也面临消失的窘境，由于现在经常借助电脑辅助排版或者依赖图像设计师在版面设计时进行校对，错校漏校的问题比比皆是。在西方，阅读困难是一个常见的问题，

不懂正确拼写单词的人也越来越多，让非专业人员进行校对，得到的结果往往令人郁闷。

值得一提的是，当需要对图片进行大幅修改时，图像设计师、数字绘图帅以及印前工作人员（调色员与电脑辅助排版工作人员）三者的工作会出现冲突。

印前工作（prépresse）是一个实体或虚拟的环节，它集合了所有使文件能够正确印刷的条件。

每个印刷厂都设置有一个印前工作部门，其主要工作包括：

* 接收客户文件并检查可能存在的错误（尺寸或分页错误、字体或背景缺失、存在低分辨率的图片等）；

* 对在印张上出现的印刷元素进行拼版；

* 建立监管文件，该文件用于流程追踪，使客户能检查每个步骤是否正确衔接，在客户确认清样稿（bon à tirer）后准备上机印刷。

其实在上述工作之前，印前工作还包括图像设计师收集印刷元素（文字、插图、图表、logo 等），通过排版软件进行组织编排的过程。正如我们之前提到的，图像设计师会介入图片修改、文字校对、印刷商用的 PDF 文件创建等工作当中。

在这两者之间，通常（有时强烈建议）需要一个制版师（photograveur）参与，他 / 她的工作主要是保障颜色管理以及确定交给印刷商（imprimeur）的文件是否符合现行标准。

印刷生产时间线：
1. 将用于印刷的 PDF 文件发给印刷商；
2. 检查印刷的规矩线；
3. 在装订前确认印张是否印刷正确；
4. 在送货前检查样书。

3

与合作伙伴间的对话

在与我们最主要的两个行业伙伴（制版师和印刷商）建立正式明确的合同关系之前，必须先清晰地定义每个参与者在图像处理方面的任务。

将工作交付给制版师时需要遵循的方法

自从有了计算机辅助排版之后，印前工作的准备时间已经减少至从前的十分之一，所以我们现在总有一种感觉，制版就好像去麦当劳点餐那般快速便捷。然而不要忘记，只要是一个企业，就有自己的生产节奏和产能极限，生产时间不可能无止境地缩短，无法做到即来即得。

因此，要预先做好进度计划表，并且在工作开始之前与制版师逐项确认。到了制版那一天，要向其交代清楚所有事项，沟通好低清晰度版与最终版的接收日期并约定好初次校色的时间。

将工作交付给印刷商时需要注意的地方

制版工作一般只需要几天或者几周即可完成，剩下的时间可以留给后续的印刷工作。无论是采用数字印刷还是胶版印刷，如果只是用标准纸张在小规格的机器上印刷，恰逢印刷商又有存货，那便无需担忧。

倘若遇到印量巨大或使用特殊纸张的情形，则要为印刷预留更长时间。

标准尺寸的纸张通常随时有货（最迟一周内能有货），最常见的尺寸为 64 cm × 88 cm 或 70 cm × 100 cm。但若要在大规格印刷机上印刷，可以使用针对作品尺寸优化过的定制纸张，这样可以节省大量成本。普通的铜版纸一般要等 2 周到 4 周，亚光松厚纸要等 4 周到 6 周，而有的时候胶版纸要等更长时间，尤其是对纸张纹理、底色与松厚度有特殊要求时。

印刷计划也会随着印刷物的特点而改变。一份每周四发行的周报会

不能踩的坑

不要以为印刷商是你肚子里的蛔虫，当你因疏忽或者纯粹不在意而遗漏说明某个事项时，印刷商无法猜到你的想法。有时他们会发现问题并提醒你，但有时他们也会依照你的错误指示执行，届时你便追悔莫及。例如尺寸顺序的颠倒会导致印刷错误，在尺寸一栏如果你标注的是"28 cm × 21 cm"，那么印刷商就会认为你要使用意大利式，也就是横向纸张印刷。

让印刷机器在周二与周三全速运转，一个印刷文学作品的印刷商会在每年 8 月的法国"文学回归季"忙得不可开交，那些在年底节假日热销的画册会导致某些印刷商在夏末秋初就遇到订单堆积的状况……

所以必须搞清楚什么时候适合着手作品的印刷工作，既要谨慎又要守时：相互尊重是良好合作关系的保证，也是所有纷争的"解药"。

遇到纠纷时需要采取的正确态度

当出现印刷瑕疵或者交货延误时，难免会产生纠纷，但目中无人与蛮横无理的态度并不能解决任何问题。你的服务商是你在商业上的合作伙伴，出现问题时无论是谁都难辞其咎。当出现产品缺陷或者生产延误导致争端时，我们行业内通常接受相互协商的做法：如果是供货商没有遵守合同条款，你当然可以坚持自己的立场，但过度自大的态度或者使用粗暴的言语只会使你们之间的关系僵化，让对方的嘴巴就像牡蛎壳一般紧闭不开，导致对话无法进行，建议用坦诚与随和的态度开展双方的对话。众所周知，成功的和解远胜糟糕的诉讼（尤其是大部分情况下服务商手里还握着技术手段这张牌）。

4

索要报价单

在此给出一份典型的报价单表格，报价单可以用来检查你是否遗漏了产品详情单中的某个事项。

如果你想制作的印刷品较为复杂而你还没决定其所有特性，要确保所有人都有一个能够返回的起点，就由你开始。首先定义一个基础版本，然后根据需求决定是否在此基础上添加新的元素，以替代样本与选项的方式呈现。

以装帧为例，假设你还未确定书籍的装帧方式，那么你可以先以"古典精装"为基础样本，然后再选择简易精装书（见第 229 页）作为一个替代样本（variante）。如果你已经确定书籍要使用古典精装，那么便通过改变封面纸张（吹塑纸、布面纸或者其他特种纸）来设计另一个替代样本。

而装帧中的非必要元素，你可以将其列为附加选项（option）A、B、C等，至于是否要应用到基础样本，根据你的期望与预算而定，比如盒子、护封、书签、书签带等。

此外，书籍有各种各样的包装方式：是使用收缩膜／自封袋进行单本独立包装还是使用纸盒进行多本包装，或者同时采用两者，这取决于书籍本身的脆弱程度以及对发货商提出的包装标准要求。如果你的说明不够详细，运气好的情况下书籍可能只是散落在托盘上，但也有在运输中出现部分破损的情况，此时你只能自掏腰包让发货商重新进行包装。

报价单。

修订日期： _____

进度计划

纸张订购： _____

文件发送日： _____

交货日期： _____

标题： _____

印量 (+/- × %)：   份与续印   份

工艺描述

成品尺寸		
	法兰西式（纵向）/意大利式（横向）	

P数	P数	
	印色	
	纸张	

内页1	P数	
	印色	
	纸张	

内页2	P数	
	印色	
	纸张	

装订方式	平铺、折叠、平装、精装……	

封面	印色	
	纸张	
	塑膜	

附加选项	冷烫金、热烫金、上光、丝印……	
	书签、凹槽、切割形状、书签带……	

衬页	印色	
	纸张	

护封	印色	
	纸张	

附加选项	……	
腰封	展开尺寸	
	印色	
	纸张	
	表面处理	

附加选项	……	
盒/匣	印色	
	纸、卡纸、纸板	
	塑膜	

附加选项	……	

包装要求	

送货地点	

支付条款	

	日期：2020年10月10日
进度计划	
纸张订购：	待定
文件发送日：	2020年11月15日
交货日期：	2020年11月28日
货品名称：	**当地餐厅调查问卷**

印量（+/- 5%）：1000份

工艺描述

成品尺寸	15 cm×21 cm 纵向印刷	（展开尺寸21 cm×30 cm）
P数	4	
印刷颜色	4/4*	
纸张	哑粉纸 170 g	
装订方式	对折	

包装要求	热收缩膜包装，50份一捆

送货地点	1个配送点：里昂中心

支付条款	转账支付，送达日期起60天内结清

* 正反面四色印刷。

✳ 诀窍

对于报价员来说，任何一点微小的变动都意味着要制作一份新的报价单。如果你犹豫不决或者替代方案太多，建议将需求分别列出并直接联系报价员，他／她会很乐意帮你理清思路并更好地组织你的需求，使其更加清楚明了和易于管理。

	日期：2020年10月10日
进度计划	
纸张订购：	待定
文件发送日：	待定
交货日期：	2020年12月15日
货品名称：	**欢乐杂志**

印量（+/- 3%）：6000册

工艺描述

成品尺寸	21 cm×28.5 cm 纵向印刷	
P数	128	
印刷颜色	4/4	
纸张	胶版纸 白色 140 g	
装订方式	平装，方形书脊胶装	

封面	印色	正面：四色+专色 背面：四色
	纸张	单面铜版卡纸 300 g
	塑膜	亚光

附加项	第一页和书脊的25%部分进行选择性上光

包装要求	热收缩膜包装，10册一捆，欧标托盘（palettes EPAL）装车

送货地点	2个配送点：500册 巴黎中心（需要配叉车与后开门的卡车）其余寄往76省（滨海塞纳省）分销商处

支付条款	下单时支付30%，余款于60日内结清

以上是3份报价单的范例，从最简单的到最复杂的都有。+/- 与百分比的符号指印刷放数标准（见本书第131页）。

日期：2020年10月10日

进度计划

纸张订购：	待定
文件发送日：	2020年11月底
交货日期：	2021年1月中旬
标题：	皇家酒店宣传册

印量（+/- x%）：1500册 法英文两个版本的黑色文本不同，封面与护封完全不同

其中 法文版 1000册

     英文版 500册

工艺描述

成品尺寸	28 cm × 22 cm 横向印刷	
P数		
内页1	P数	112（7份16PP书帖）
	印色	4/4 + 专色银
	纸张	哑粉纸150 g
内页2	P数	32P（以4×8PP的形式跨页印刷）
	印色	2/2
	纸张	光面铜版纸100 g
内页3	P数	16
	印色	1/1
	纸张	彩色纸120 g（颜色编号待定）
装帧方式	线装，3 mm纸板，配顶带，方形书脊	

封面	印色	4/4
	纸张	光面铜版纸135 g
	塑膜	光面
替代样本	印色	无
	布料	红布（请提供样品）
	塑膜	无
	内封和书脊施加烫金	

环衬	印色	1/1专色
	纸张	胶版纸140 g

附加选项

护封	印色	4/4
高度14 cm	纸张	光面铜版纸 150 g
勒口10 cm	塑膜	光面
		封面烫金

	配书签带（编号待定）	

只针对英文版500册

盒子	印色	4/4
2.5 mm纸板	纸张	光面铜版纸 135 g
	塑膜	光面

包装要求	单份热收缩膜包装，使用10 kg纸箱装箱，欧标托盘装车
	纸箱外贴我方提供的编号标签

送货地点	法文版1000册 2个配送点：巴黎（仓库） 300册 枫丹白露（后开门卡车与叉车） 英文版500册 2个配送点：伦敦（仓库） 100册 伦敦中心（后开门卡车与叉车）

支付条款	待定

诀窍

选择纸张的最好方式就是向经销商索要样纸，然后将其展示给印刷商，他们直接可以找到纸张的编号或者推荐使用类似的纸张。

在工作中务必要做到准确与详尽，只有遵守这个准则你才能发现自己其实在这个或那个问题上很无知，你会慢慢知道如何在恰当的时机提出恰当的问题并很快地学会很多事情。冷静的态度能让一个制作新手与服务商进行建设性的对话。

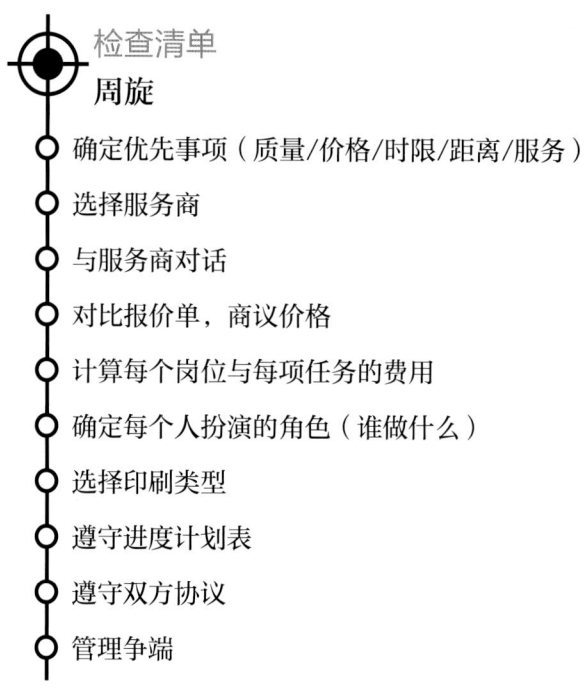

检查清单

周旋

○ 确定优先事项（质量/价格/时限/距离/服务）

○ 选择服务商

○ 与服务商对话

○ 对比报价单，商议价格

○ 计算每个岗位与每项任务的费用

○ 确定每个人扮演的角色（谁做什么）

○ 选择印刷类型

○ 遵守进度计划表

○ 遵守双方协议

○ 管理争端

第三章

理　解

如果你在网上买的口红或者球鞋的颜色与你的预期不符，可能是因为你的电脑或手机屏幕没有正确地显示商品的颜色。只要人们还在使用RGB屏幕进行交易，我们便很难对商品或者艺术品的色彩真实性提出争议，因为这些屏幕存在颜色偏差，现阶段还无力改变。只有当我们在不透明的载体上（如纸张、布料、金属、塑料等）再现图像时，才能消除错误与主观的色彩感知，原始和复杂的自然法则能使人们获得更为一致的色彩感受。

当我们印刷时，我们是在重现，也就是说使用其他方式重新呈现视觉感知的对象。这是一个从物理现象过渡到化学现象的过程：我们谈论的不再是那些穿越视网膜的光波，而是纸张与油墨的分子碰撞产生的化学反应，从而诞生一种新的视觉呈现，目的是尽可能地重构真实。

制作一份印刷品意味着要理解颜色、印刷与纸张（或者其他可印刷载体）三者关系谱写出的"圆舞曲"。为了在"翩翩起舞"时能稳住步伐，保持节奏，遵守旋律，只需理解视觉领域的基本原理，即支配视觉感知的自然法则的集合，我们会在下文详细展开。

颜色与图像

光线

太阳会发射波长不同的电磁波，地球的大气层会过滤掉大量的紫外线和红外线，变成我们能感知到的白光。通过对白光的分解，可以形成人类的可见光谱。虽然对该现象的科学解释在不断地进步，但一般来说，可见光谱是由三棱镜折射出的七种波长不同的光波组成，正好对应了人类共同文化遗产中定义的七种不同的颜色。

可见光的波长范围在 400nm 到 750nm 之间，波长低于 400 nm 的光为紫外光，而高于 750 nm 的为红外光。

在这两者之间存在着无限数量的颜色，颜色的数量取决于我们要用什么样的波长宽窄来定义一种"颜色"，科学家们将光谱中波长范围极窄的光波呈现的颜色称为"单色"。在印刷领域，我们基本上认为可见光中七种不同波长的光波对应彩虹的七种颜色。

牛顿的三棱镜实验，也被称为"光的色散"，利用三棱镜将一束白光分解为七种不同波长的光波。

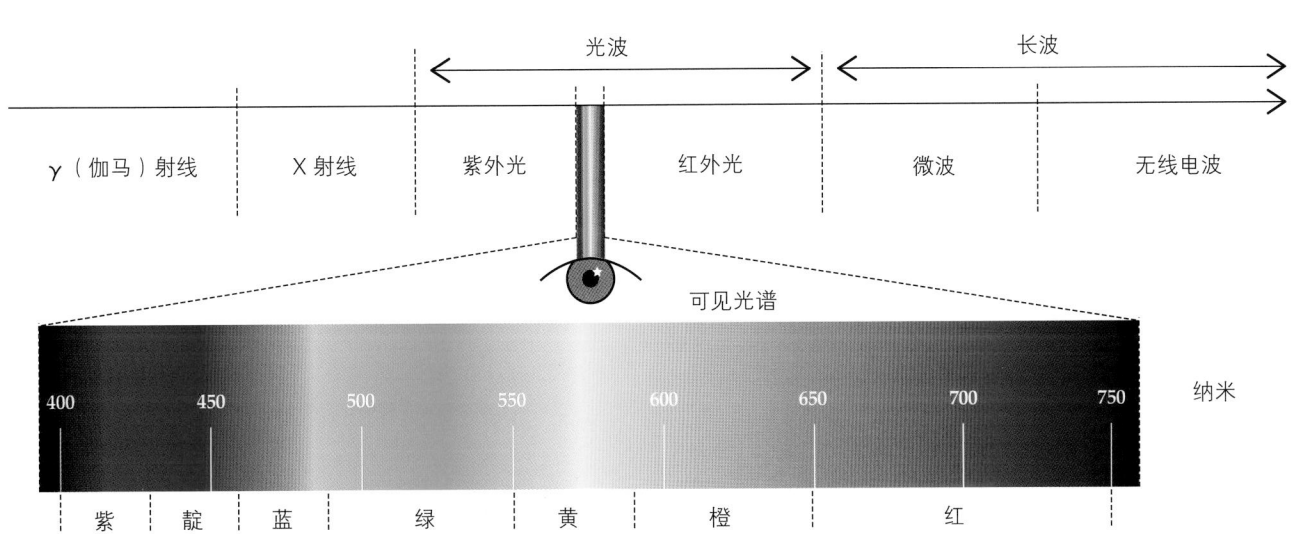

正如艺术家塔奇塔·迪恩（Tacita Dean）所说，颜色是"一种光线的想象"。

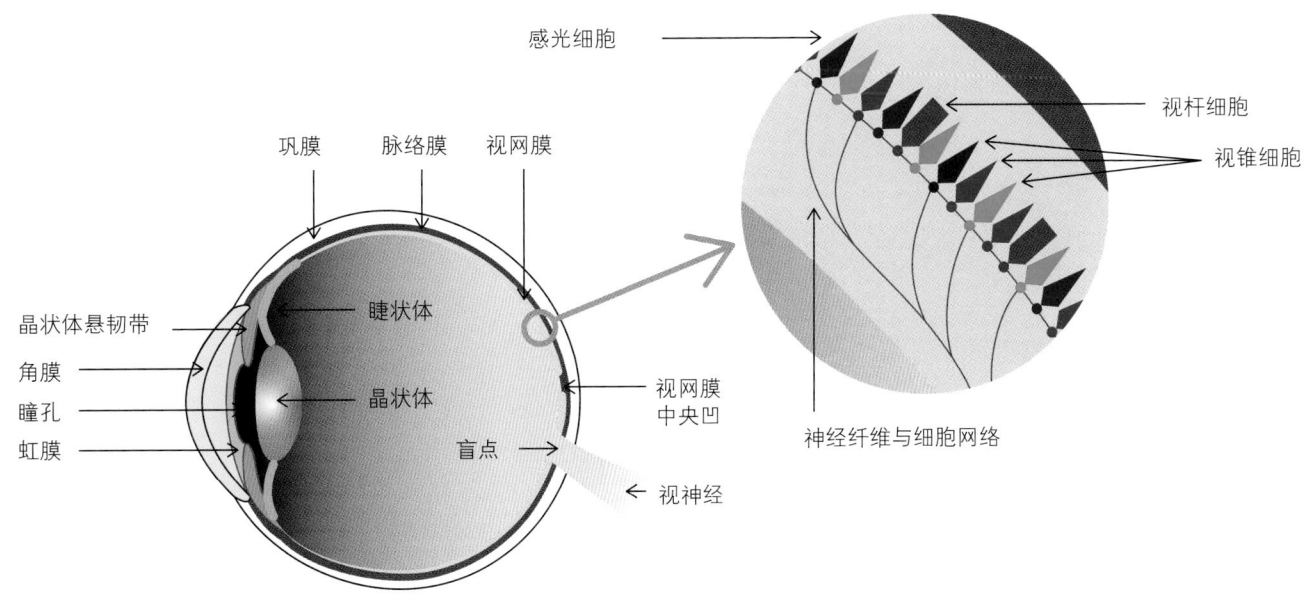

感光细胞

视杆细胞

视锥细胞

巩膜　脉络膜　视网膜

晶状体悬韧带

角膜

瞳孔

虹膜

睫状体

晶状体

视网膜中央凹

盲点

视神经

神经纤维与细胞网络

　　因此，颜色不是一种物质，而是一种感觉。光线刺激人眼视网膜上的感光细胞，细胞再将其转化为神经信号。人的眼睛拥有两种类型的感光细胞。首先是视杆细胞，它保障的是人的夜视能力，主要感受光线的反差和物体的明暗；其次是视锥细胞，它具有感受色彩的能力，尤其对三种不同波长的光波敏感，人们通常把感受到的这三种色彩称为"三原色"：红／绿／蓝（英语为 red/green/blue，缩写为 RGB）。这三种光波是由白光（即日光）色散所产生的。图像设计师需要在精确到5500K（开尔文）的色温状态下工作，它十分接近于正午烈日当空，天上布满白云情况下的太阳光线，既不偏暖也不偏冷。

蓝　　　　绿　　　　红

颜色是一种想象

血红、火红、法拉利红……海蓝、孔雀蓝、克莱因蓝……那不勒斯黄、柠檬黄、枯草黄……颜色的数量无穷无尽，颜色的世界如此美妙，足以让人编撰一本专属于它的百科全书。谈论颜色需要像葡萄酒工艺家与香水师那样使用一系列广博且富有想象力的词汇。

曾记得我的祖母试图表述一种黯淡又模糊，介于灰色、米色和棕色之间，随着光线变化且令她生厌的颜色时，她会说"老鼠逃命的颜色"。我至今仍在寻找这种颜色……

蛋黄色在我的母语中被描述为红色（il rosso dell'uovo 意为：鸡蛋红色），我们也发现白葡萄酒的颜色实际上更接近黄色。古希腊诗人荷马在他的著作《奥德赛》中经常提到"酒色的海"，难道古希腊酒的色调比法国波尔多红酒更为阴暗与寒冷？谁知道呢……法国历史学家米歇尔·帕斯图罗（Michel Pastoureau）告诉我们，在古希腊人的观念当中，蓝色是野蛮的颜色。此外，在众多源于拉丁语的语言当中，我们只用阿拉伯语的词根 AZU（r）和日耳曼语的 BLAU/BLUE 来表示蓝色。

描述颜色本身是一件十分复杂的事情，因为它与我们的社会文化和情感紧密联系。

因纽特人的语言系统中有数十个描绘雪的表达，也有众多描述层次深浅不同的白色的词汇，这与他们长期生存在冰天雪地的环境中有关。

在法语中，只有少数几个词语（灰白、象牙白、蛋壳白）用以区分不同白色之间的细微差别，

即便如此，我们仍会在纸张挑选或者颜色校对中为"白色"这一简单概念争得面红耳赤。

我们甚至可以说颜色根本就不存在……在这个光波、粒子与分子悠然漫步的物理世界中，颜色触不可及。一些科学家进而提出一种假说：大脑对色彩、声音与味道的感知（请记住这个词）是人类在这个沮丧与消沉的物理世界中赖以生存的法门。声音没有实体，它不过是撞击鼓膜的一种机械波，经振动传送至大脑，再由其阐释为叫声、杂音或是音乐。在山上发出的声音会在空间中发生反射（回声），在水中发出的声音则会以一种特殊的沉闷音色传播。

在艺术家安娜-丽斯·布鲁瓦耶（Anne-Lise Broyer）的作品《绿的诞生》（*La Naissance du vert*）中，她完美诠释了"夜晚的猫儿都是灰色的"这句谚语（法语：La nuit, tous les chats sont gris，意指在夜晚中人们无法清楚分辨人和物的颜色）：在单调的夜色中，随着晨光的出现，颜色开始显现。

颜色也一样，它不能在宇宙中传播的光线之外存在，它在地球大气层内才能显现出具体的样貌。

颜色只存在于我们的头脑当中。从某种意义上来说，谈论颜色的词汇以及与颜色有关的情感只存在于各式各样的文化当中，正如之前阐述的那样。

对色彩的感知

　　眼睛感知到的色彩是光线本身与某个能够反射或吸收光线的介质相碰撞的结果，而且会随介质的性质不同产生变化。指甲油的红色和法拉利跑车外壳的红色对光线反射更为强烈，色调要比天鹅绒或者玫瑰花瓣的红色更明亮。当你使用同一种牌子的染料给一块丝绸和一段粗亚麻布料染色时，两者所呈现的色泽与色彩密度截然不同。同理，用同样的油墨在不同的纸张上印刷，呈现的效果也千差万别，比如胶版纸和光面纸的印刷效果就有很大区别，在无涂层的纸张上印刷能使油墨更轻易地渗透到纤维中……当然光线也是！

万物均有关联：颜色只存在于头脑中，但头脑却各有不同！

　　法语中"看见红色"（je vois rouge）这个说法用于表达人的愤怒，如同斗牛场上的公牛那样。但实际上公牛只能看到灰色，它并不是被布的颜色所激怒，而是因挥动布的动作而感到兴奋。每个物种根据自身的生存环境与生存需求发展出了不同的视觉功能：人类在绿色的灌木丛中寻找红色浆果时，视线主要集中在颜色上。蜜蜂能够采集花朵雌蕊上的花粉，正是因为它们感知到了花的颜色。昆虫与蜘蛛可以感知紫外线，而大部分的动物只能感受到电磁波中的一小部分波段。由于具备三种视锥细胞，智人（Homo sapiens）天生就是三色视者（trichromate），爬虫类、鸟类和某些人类拥有四种视锥细胞，能够看到更多的颜色差别。狗和夜行哺乳动物都是双色视者（bichromate），它们能看到的颜色数量大幅减少，目的是更好地感知明暗的反差，如同人类中某些色盲患者一样。最后要说的是全色盲现象（achromatopsie），由于视网膜中视锥细胞功能出现障碍，全色盲患者只能依赖视杆细胞保障视觉功能，在他们的眼里，所有物品的颜色都是一片灰暗，类似于熔化的金属。

⚠ 显示屏能显示约 1600 万种颜色，远超人类能够分辨的颜色数量。人的眼睛能看到 100 万种至 400 万种颜色。

CHIMPANZÉ
PRESQUE COMME NOUS

Chez les primates (singes, lémuriens et hommes), la vision est un sens très important pour se déplacer ou chercher de la nourriture. Si nous sommes de proches cousins des singes dans l'histoire de l'évolution des espèces, peut-être voyons-nous de la même manière…

CHIEN
UN PRÉDATEUR DALTONIEN

Le chien a hérité de son ancêtre le loup ses sens très développés : son odorat est parmi les plus performants du règne animal et, grâce à son ouïe incroyable, il peut entendre les infrasons et les ultrasons… mais sa vision est bien moins bonne.

不同哺乳动物眼中不同的景象：灵长类动物能感知的颜色范围远比普通肉食动物要大得多。图片源自纪尧姆·迪普拉（Guillaume Duprat）的《动物视觉》（*Zooptique*）一书，法国Seuil Jeunesse出版社2013年出版。

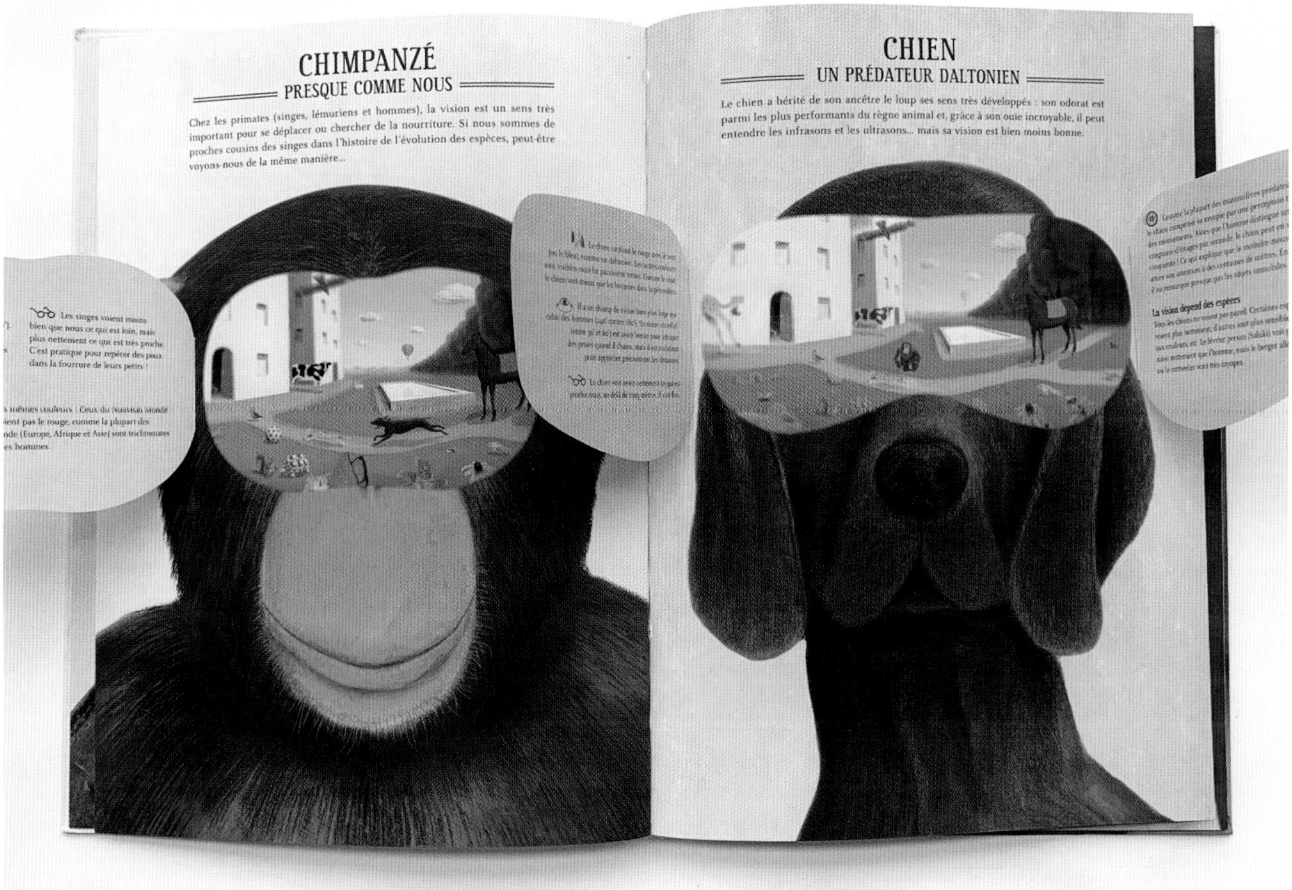

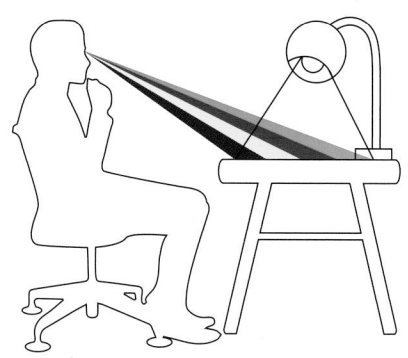

若要更好地理解在一个印刷载体上重现颜色的困难，重要的是明白两样东西：一是光线，一种客观的物理存在；二是颜色，它是光线与产生光线的载体（屏幕）或反射光线的载体（任意一个平面，例如纸张）相互作用的结果。

颜色语言系统有两个分支：显示器采用的RGB（红/绿/蓝，英语：red/green/blue）模式和印刷机采用的CMYK（青/品红/黄/黑，英语：cyan/magenta/yellow/black）模式。通过显示器呈现颜色和在印刷载体上重现颜色，两者有着非常大的区别。

将前者转换为后者是一项"翻译"活动，也促生了一种职业。

两者的转换不仅受制于客观的物理条件，也受到心理与文化因素的影响，同时也会掺入人的主观情感，受到工作中的利害关系牵连，甚至被特定情境下的情感因素干涉：当你要打印手机里孩子出生证明的照片时，当你为社区设计风筝节活动方案时，当你负责印刷公司150周年庆纪念书籍时，这些活动掺杂了大量的情感因素，你希望一切都做到尽善尽美。

印刷品制作这项活动的核心矛盾是基本不可能重现所有人眼能看到的颜色。重现颜色因而成为一种利用可量化的客观参数尽可能地贴近主观视觉感知色彩的艺术，这种主观的感知是由一系列普遍的、个体的和文化的因素所确立的。

出于商业上的考量，那些与你合作的专业人士永远不可能告诉你其实他/她根本无法完全一致地再现花园中玫瑰的颜色，但他/她会竭尽所能为你呈现出最佳效果。在此我们必须重申一个处理合作伙伴之间关系的核心词语：信任。

观察与印刷一种颜色

光线缺失时的色彩对应黑色，不同波长的光线可以汇集成白光。其余所有处于红外光和紫外光之间的人类可以看到的颜色都被涵盖在LAB色彩模型中。

孟塞尔颜色系统（l'atlas de Munsell）将不同波长的光用三个参数衡量：色调（teinte）、纯度（saturation）和明度（luminosité）。利用这三个参数，我们可以描述与区分所有颜色。

通过调整每个色调的纯度和明度，我们可以实现一个理论上拥有800万种人眼可以识别的颜色的调色板（palette）。但实际上，人眼一般只能看到100万种至400万种颜色，因为很少有人能良好识别所有RGB颜色通道的色彩。

加色模式（synthèse additive）的原理：当光源发射的光线直接照射人眼时，我们应用的是加色模式。

0%的光线（零光线状态）= 黑色；100%的红 + 绿 + 蓝（RGB值全满的状态）= 白色。

每束射入人眼的光线都是一种光波的叠加，对于视网膜上的感光器（photorécepteurs）来说，光波的叠加构成了颜色的叠加。

请注意，除根据日光色温（5500K）精确校准过的显示屏以外，我们看到的白色都不是绝对意义上的白色，而是载体本身的颜色：布匹、纸张或者一些其他物体表面的白色都拥有属于自己的颜色数据。因此，我们需要引入"白点"（point blanc）这个概念作为RGB颜色工作中第四个必不可少的参数。在处理与颜色相关的问题之前，测量白点是制版师的基础校准工作的一部分，从某种意义上来说，白点是一个参考基准。这个空间的色域（gamut）（调色板）仅覆盖了人类可见光谱的70%，但已经绰绰有余，因为一个RGB显示屏能显示1670万种颜色，是人类在最佳状态下能看到颜色的4倍到8倍!

色调　　　　　　　　　　　纯度

亮度

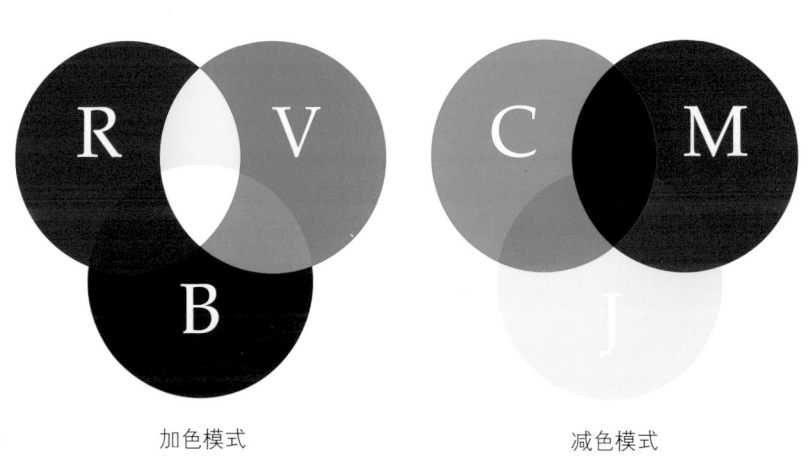

加色模式　　　　　　　　减色模式

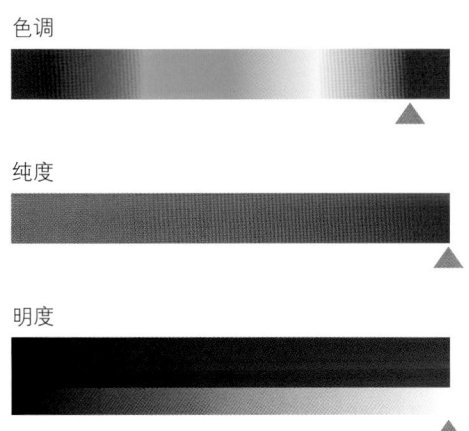

色调

纯度

明度

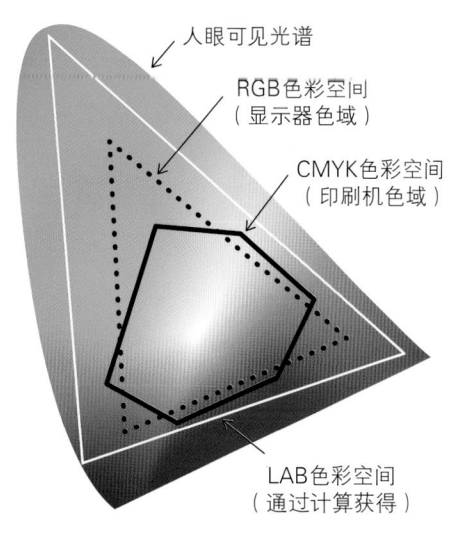

人眼可见光谱

RGB色彩空间
（显示器色域）

CMYK色彩空间
（印刷机色域）

LAB色彩空间
（通过计算获得）

当显示屏发光时，发射出的光线会被印刷物的表面吸收。当光线不能直接到达我们的眼睛而是经过不透明的物体表面时，一部分的光线会被物体表面的材质吸收，我们的眼睛只能感知被其反射后的残留光线。这便是减色模式（synthèse soustractive）的原理：一部分光波被有颜色的表面吸收，周围的光线就此被减去。

在减色模式中，我们要做的不是发射光线，而是混合各种染色物（印刷油墨、水粉、油漆、颜料……），用的染色材料越多，就会有越多的光线被载体吸收，反射的光线也会越来越少，重新反射的光谱也随之减少。印刷使用的 CMYK 色彩空间仅占 RGB 色彩空间的一部分，并且有一小部分超出后者。两者的共同部分会根据印刷品的类型、纸张的类型以及印刷的数量与质量产生较大变化，它也是重现颜色的基本条件。加色模式中的三种间色（也称二次色，即黄、品红、青分别通过绿＋红、

在两个色彩空间中原色与间色的构成	RGB色彩模式 光线的叠加（加色模式）	CMYK色彩模式 光线的减少（减色模式）油墨、颜料或染料
原色	400—500 nm ＝ 蓝	黄（对蓝光的吸收）
	500—600 nm ＝ 绿	品红（对绿光的吸收）
	600—700 nm ＝ 红	青（对红光的吸收）
完全混合（或称三次混合）	绿＋红＝黄	黄＋品红＝红
	红＋蓝＝品红	青＋品红＝蓝
	蓝＋绿＝青	青＋黄＝绿
间色（对颜色的二次混合）	蓝＋绿＋红＝白	黄＋品红＋青＝黑

红＋蓝、蓝＋绿获得）对于人眼来说基本能够对应减色模式中的三原色。

黄、品红和青三原色叠加后通过减少传播的光线获得了黑色，反之，在颜色缺失的无色载体上呈现出的颜色就是"白色"。

但请注意：通过三原色／三种油墨叠加获得的"黑色"只不过是深灰棕色，在这个基础上，还必须要加上黑色油墨才能获得足够的光密度以及不透明度。

透明度与光密度

对于印刷品或者照片等不透明物来说，透明度（或不透明度）是入射光与反射光之间的比值。同理，对于胶片这类透明物，透明度指的是入射光与折射光之间的比值。

在传统摄影中，这个比值直接关联胶片的透光率。

在印刷与制版领域，光密度是一个重要的概念，可以用来测量一份印刷物的遮光能力。

透明度 ＝ 入射光／折射光（这个值没有单位）。

光密度（D）是透明度（透光率）的以 10 为底的对数。光密度仪是图像工作必不可少的工具，它通过灯泡发射出的光线测量样本的入射光量与折射光量的大小。这两种不同光线的比值就是我们所说的透明度，在仪器上被转化为光密度的值显示出来。

在印刷领域，测试油墨的着色力（force d'encrage）是必不可少的环节，无论是黑色油墨还是彩色油墨。如果要测试彩色油墨的着色力，就要在入射光前放置滤色片用以校准光密度仪的参照"白色"。

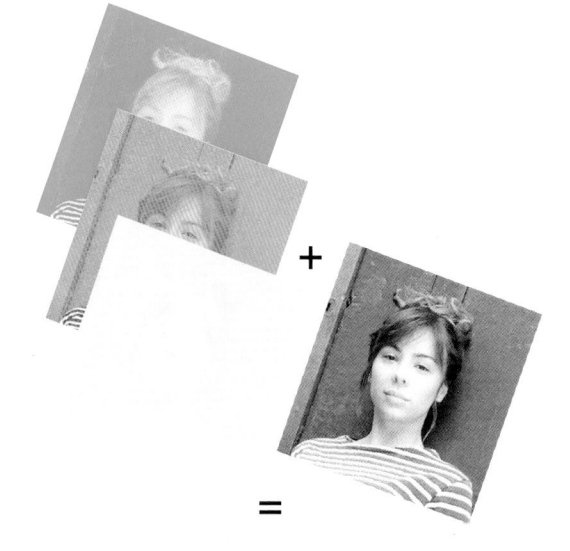

建立并采用一个正确的颜色配置文件是十分重要的。你会逐渐明白以下事实：当你还没确定印刷的材质之前，你无法对任何的图像文件进行处理。因为你可能不仅需要在纸张上印刷，还会在金属、石头、布匹或者塑料薄膜上印刷。如果将用于某一种材质的配置文件套用在另一种材质上，当你看到最终效果时可能会收获很大的"惊喜"。

当我们要印刷图片时会发生什么？

将RGB转换为CMYK时，色域会减少为原来的一半左右，且无法对称转换，因为两者的色彩空间并不完全重合。一些能够通过CRT显示器（使用阴极射线管的显示器）表现的鲜艳与明亮的细节是不可能通过油墨在不透明的介质上重现的，比如纸张，即便是光面的涂布纸也不行。这是我们重现颜色时会遇到的第一个障碍。另一个问题是图像设计中的每个环节都在用不同的方式再现颜色。为了确保从一个环节过渡到另一个环节时颜色的可再现性，必须准确地定义每个环节中使用的色板，让所有人达成共识，保证不同环节过渡的可靠性、稳定性与可预见性。国际色彩协会（International Color Consortium）为此建立了规范与标准，用以创建颜色配置文件（ICC profile）。颜色配置文件是一个校准工具，包含了每个工作环节使用的特定颜色信息与特定的色域。总的来说，它就像一张颜色的"身份证"，使所有的变数都归于一个标准，即标准化色彩空间，从理论上来说就是LAB色彩空间，约等于红外光与紫外光之间的可见光谱。

对什么纸张使用什么标准

我们一般根据印刷纸张的类型与油墨的使用来定义 CMYK 的色彩空间。除有关印刷技术方面的 ISO 国际标准以外，还有一些专业的组织机构，例如欧洲的德国印刷技术研究协会（FOGRA）所制定的标准，该标准依照同一纸张在不同机器上印刷时在调色板上采用的平均数值确定。因此对于每一种印刷载体，都有一个 FOGRA 标准：哑粉纸、光面铜版纸、轻量涂布纸、胶版纸、增白纸或微黄纸、亚光或光面照片纸……不同类型的纸张吸收油墨的方式各不相同，反射光线的能力以及颜色的视觉呈现也不一样。

请记住以下两个最常用的标准分类：

* 用于涂布纸（英语：coated paper）的 ICC 文件：FOGRA 39/51，用于白色光面铜版纸，油墨覆盖总量上限为 300%~350%，可以保障较高的光密度与着色力。

* 用于非涂布纸（英语：uncoated paper）的 ICC 文件：FOGRA 47/52（请看旁边说明），用于白色非涂布纸，油墨覆盖总量为 270%，光密度与着色力较低。

材质对油墨的吸收能力和对光线反射的能力决定了我们要采用的技术，也确定了我们要使用的颜色配置文件。

此处的关键问题是：用什么材质和什么方式印刷什么类型的文件？

你若想在变数较多的情况下呈现一致的视觉效果，必须建立多个不同的文件，针对每种材质以及每种印刷技术创建专属的曲线（数字、胶版、凹版、柔版等）。

此外，必须检查曲线的互补以确保同样的视觉呈现，如果你在这方面还是新手，强烈建议把工作交给印前专业人士完成。

不能踩的坑

我们正处于两种标准交替的时期，纸张类型、白点以及数字检测的处理方式均在发生变化，也引导着印刷从业者改变他们的标准。如果你想在增白纸上印刷，建议进行 OBA（光学增白剂）纸张检测并采用 FOGRA 52 配置文件，例如萨佩纸业（Sappi）的 Magno natural 胶版纸。相反，如果想在北极纸业（Arctic Paper）的 Munken Lynx 胶版纸上印刷，最好保守地采用旧式的 FOGRA 47L 标准。该纸张是一种带有浅灰黄底色的胶版纸，而 FOGRA 47L 配备有模拟这类带有浅底色特殊纸张的数字检测。

显示屏上的图像与颜色

数码图片（image numérique）：这是一个二进制格式的文件，它由一连串以 1 和 0 表示的计算机语言依照不同的排列组合构成，用以生成信息，它的单位是比特（bit，0 或 1），通常我们用八比特组（octets）或字节（bytes）来衡量文件的大小，文件比较大时用其倍数 ko（kilooctets）或 Mo（Mégaoctets）表示。

数码图片包括：

* 通过扫描仪或数码相机获得的图像

* 通过图画软件创建的图像

* 经过制版处理（校正、修改、储存）的图像

像素（英语：pixel，由picture和element两个单词缩写构成）：它是数码图片以及显示屏的最小视觉单位。但图片像素并不等同于屏幕像素。一个图片像素可以在多个屏幕像素中显示，反之亦然。

构成数码图片的像素是一个纯粹的数字

像素在电脑屏幕上的视觉呈现。

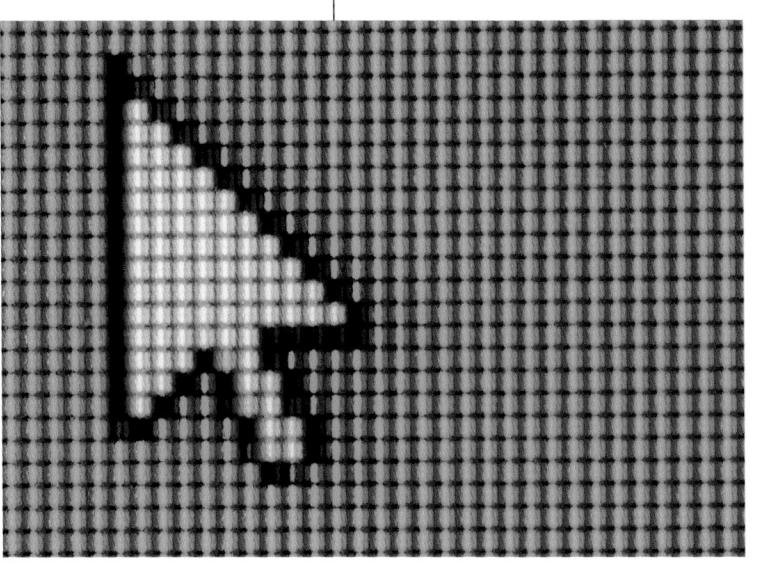

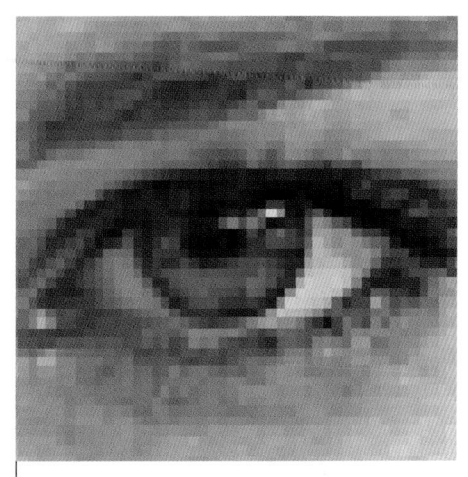

当过度放大光栅图像时就可以看到它的组成部分：像素，而矢量图则没有这个限制，可以随意放大。

信息，它由红、绿、蓝三个通道的数值构成。在此，像素对应的是重现图像所需的最小细节要素。屏幕像素则是由红、绿、蓝三个发光单元构成的物理平面单位，它与显示器设计和制造中所涉及的分辨率有关，它的度量单位是微米（μm）。

清晰度（définition）：一张图片的清晰度是由组成图像的全部像素数量决定的。例如一张图片垂直方向有 2000 个像素，水平方向有 4000 个像素，这幅图片的清晰度（有时叫作图片尺寸）就是 2000 p×4000 p，总共有 800 万个像素。除非对图片进行重采样，否则无论是放大还是缩小图片都不会改变像素的数量，在此我们得到的是一张分辨率较高的图片。

分辨率（résolution）：如果想获得一张清晰的图片，就要保证图片有足够高的初始分辨率。分辨率决定了图片的信息密度与后期处理潜力。如果图片初始分辨率不高，那么清晰度也无从谈起。当放大图片的时候，清晰度会变低，因为放大图片不会增加像素的数量，而只是单纯地放大图片的尺寸，使得肉眼可以识别出单个像素，这就是像素化（pixélisation）。

矢量图片（人工合成的图片，例如软件绘图、商标、条形码等）并非由像素而是由线条（矢量）以及数学公式组成。矢量图可以随意放大，因为矢量图没有所谓的分辨率。

大幅缩小（左）与重采样
（右）的图片效果。

人们很容易就能理解过度放大图片会损害图片的清晰度，因此会产生一种倾向，认为反向操作，也就是随意缩小图片尺寸不会产生任何问题。然而请注意，如果使用的图片色彩比较昏暗，印刷出来可能会有细节丢失的现象，因为图片文件的信息过于集中导致产生多余的墨点。有的时候与其缩小图片，不如进行重采样，稍微降低饱和度，开启高光。正确的做法是在 Photoshop 中缩小图片然后把新的图片导入 InDesign 中。

重采样（réechantillonnage）：不要混淆"修改图片尺寸"和"重采样"这两个概念，前者指的是在保持原有像素数量不变的情况下改变图片的尺寸，而后者则是通过 Photoshop 重新计算图片的像素数量（重定图像像素）来改变图片的尺寸和分辨率，对图片信息进行重新阐释，使其符合实际应用场景。如果使用重采样来放大图片，会在原文件的基础上生成新的像素，反之，如果缩小图片，原有图片的部分像素会被消灭，根据操作者的具体指令可以获得所期望的图片尺寸。该操作往往会破坏图片的细节，必须要真正理解重采样的作用后才能执行。

PPI（法语：PPP）：PPI 指的是每英寸的像素数量。注意不要混淆"point"和"dot"这两个词汇，"point"是笼统意义上的"点"，有时也可以指像素，但"dot"指的是印刷网点，之后我们会在 dpi 词条中详细解释。

　　PPI 是英语 pixel per inch（每英寸像素数量）的缩写。密度越高，文件中包含的像素与信息量就越多，印刷出的图像画面细节就越丰富。

　　图像获取 / 图像重现（acquisition/restitution）：通常我们处理的都是数字图像，它的清晰度与使用的摄影仪器直接相关。但有的时候，我们必须将文件数字化，扫描者会根据预计重现图像的大小来分配一个分辨率，我们将之称为获取分辨率，它可以衡量一台数码仪器感光组件的工作能力与校准能力，也可以在把模拟图像数字化时描述扫描仪上的

各项参数。

在扫描文件之前必须知道印刷图片的规格，也就是重现图像的尺寸大小。

例如一张小插画原本尺寸（意思是与扫描物本身一样大小）的扫描图是不能用于杂志的跨页图的，因为输入分辨率不足以让图片扩展到两个页面。

在输入分辨率确定以后，你应当保证图片有一定的操作余地，能够稍微拉伸放大。

图片放大的容忍限度一般是30%，但在图像文件初始质量足够好或

当你放大一张图片的物理尺寸，就会减少信息的集中程度与缩小像素的尺寸，就好像在拉扯一张渔网或者……女式网袜一样！

恼人的问题

是不是获取分辨率越大效果越好呢？

不！虽然初始分辨率决定了之后印刷图片的清晰度，但分辨率过高会使图片文件体积过大，导致增加排版文件的体积，在电脑上打开图片或者在办公室打印图片时速度也会变慢。请根据之后的具体应用场景来选择正确的分辨率，脑子里的问题永远是："下一步要做什么？"

者不要求产品质量十全十美的情况下也可以超过这个限度。对于照相设备来说，各种不同级别的相机最大分辨率是固定的。而对于扫描仪来说，分辨率是可变更的，部分仪器可以达到很高的分辨率，但对分辨率的要求越高，扫描的时间也就越久……服务商开的价格也会越高。当然为了今后能够更加无拘无束地处理图像，有时候多花点钱是不可避免的。比如你要制作一张 20 cm × 30 cm 大小的展会手册封面，同时你知道封面图片之后会被用于一幅 40 cm × 60 cm 大小的宣传海报上，可以一开始就直接选用 600DPI 的分辨率来扫描。如果图片只达到了封面印刷使用的尺寸，若将其加倍放大用于印刷海报，这时清晰度（PPP）就要打对折了，不过一张 300DPI 分辨率的图片也足以应付胶版印刷的需求。上述情况并没有对图片进行重采样，因为没有改变像素的数量，仅仅是改变了图片的尺寸。

纸张上的图像与颜色

当我们离开虚无缥缈的二进制世界，投身于浸满油墨的印刷行业之时，事情变得有些复杂起来。

DPI：当我们印刷图片时，我们用的分辨率单位是 DPI（dots per inch，每英寸点数）。因为我们并不是直接印刷像素本身，而是印刷被不同印刷设备重新处理与转换后的 "点"。激光打印机印刷出的是墨粉点，喷墨打印机或者轮转印刷机印刷出的是油墨点，它们的目的都是将图片信息转印到纸张上，且形成一个可以用 DPI 来衡量的线条网。

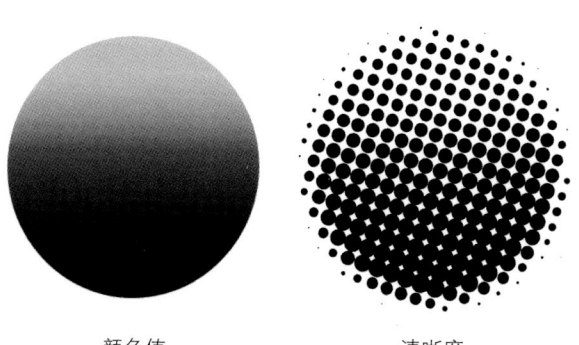

颜色值　　　　　　　清晰度

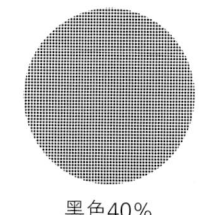

黑色40%
加网线数60LPI

黑色40%
加网线数
100LPI

黑色40%
加网线数
150LPI

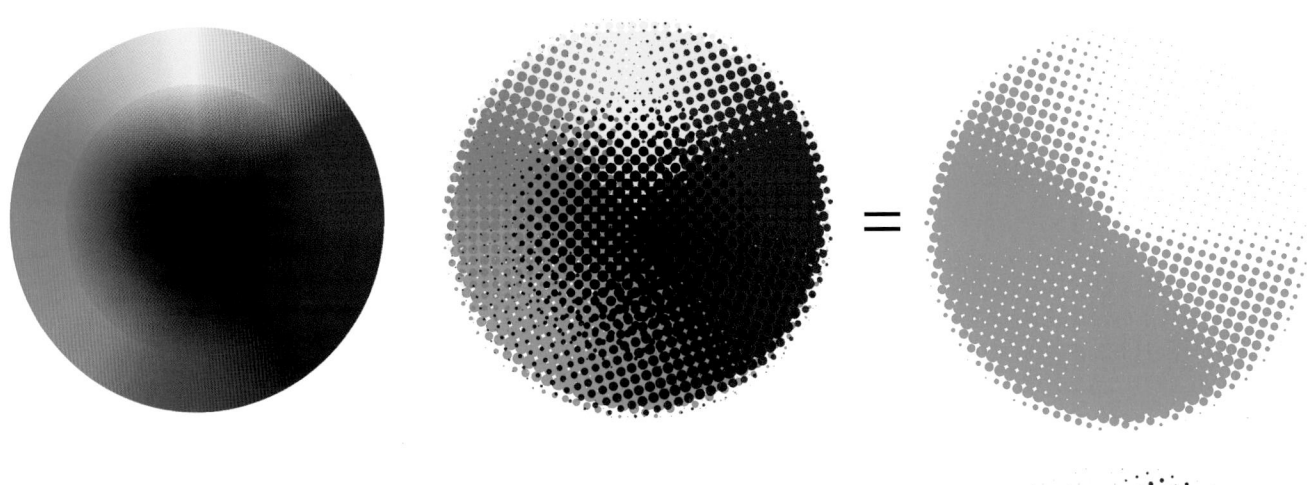

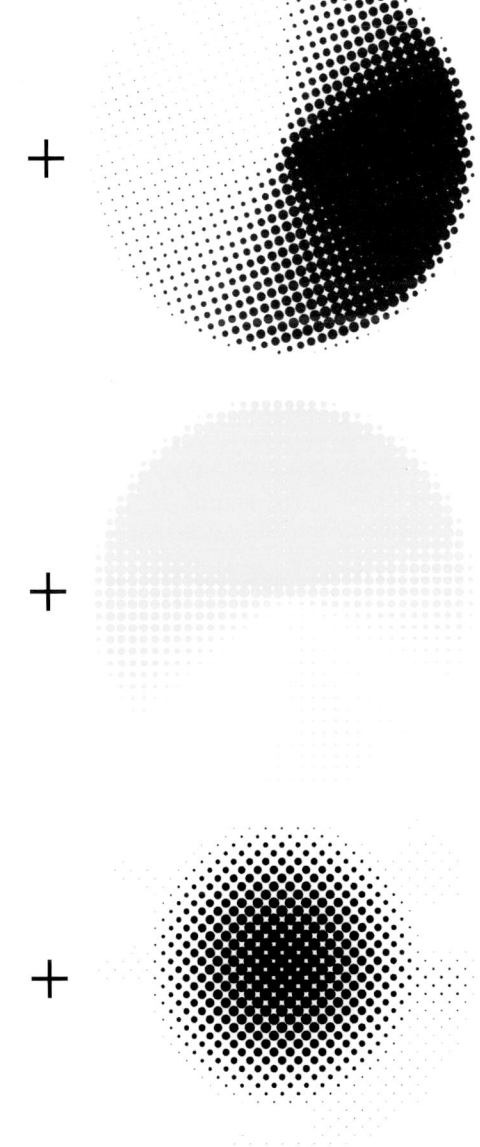

电脑屏幕能够显示分辨率为 72DPI 的图片（响应式图片的分辨率是 100DPI，这是一种适用于手机屏幕的图片类型），但在纸张上重现图像时，你需要提高分辨率。激光打印至少需要 150DPI，数字打印要 200DPI，而胶版印刷或凹版印刷要 300DPI。矢量图与线图本身是没有分辨率的概念的，但是为了达到最好的印刷效果，转化成位图时至少要有 1200DPI 的分辨率。假设你原本的工作只是处理网站上的图片，但突然有一天需要你提供图片的纸质版，甚至要在一块篷布或者玻璃贴纸上印刷图片，如果你没有意识到分辨率会对图像清晰度产生制约，那生成的位图文件就不能适用于大尺寸图像的数字印刷，即便印出来，也只会看到一幅充斥着难看像素块的"低清"图。

网点（trame）：一说到胶版印刷立刻就会联想到网点。当你近距离观察地铁里的海报，或者拿着放大镜看任意一张印刷出来的图片时，你会发现图片并不像你远距离观看时那样平滑与均匀。你可以看到一堆彩色的点以几何图形的方式排列。

与摄影胶片、埃克塔克罗姆胶卷（ektachrome）或者一张包含着几百万个像素的数字图片这类色彩连续的图片不同，印刷物上的图片是一幅网点图，它由多个大小形状各异且紧挨着的网点所构成。这些网点构成数量各异的线条，以四种不同的颜色重现图片，每块印版一个颜色，三原色的印版带有颜色渐变（灰度值变化）。四块印版的叠加使得油墨以不同的比例混合在一起，从而呈现大量的可见色。

下图是肉眼观察一幅
4 cm×6 cm大小的海报的效果，
对页图是把细节明显放大后
的效果：胶印网点清晰可见。

事实上，网点决定了油墨在纸张上的精确着墨点，它的数量、精细程度以及形态决定了图片再现的精确度，但油墨的转移过程不是直接的，我们在本书第97页再谈这个问题。

1	2
3	4

在以下的跨页图中，我们可以观察同一幅图片在两种不同纸张上的表现，以及对比在制版中经过处理与未经处理的效果。

在图1与图2中，我们严格遵守每种纸张的配置文件：铜版纸使用FOGRA 51（图1），胶版纸使用FOGRA 52（图2）。

图3与图4则是在应用配置文件后进行了调色处理，使得两幅图片获得视觉上近似的颜色效果。

根据该例子可知，一幅广告海报可以采取胶版印刷、数字印刷或者凹版印刷等不同印刷形式，但底层文件始终是以在铜版纸上印刷为目的而准备的，通过调整原始版本的配置文件，可以适应在不同纸张或不同载体上的印刷需求。

检查清单
理解颜色与图像

了解我们工作中涉及的色彩空间概念

在标准色温的条件下处理颜色

根据印刷材质来处理颜色

检查图片的清晰度、分辨率和放大比率

对印刷尺寸变动较大的图片进行重采样

应用恰当的颜色配置文件（FOGRA标准）

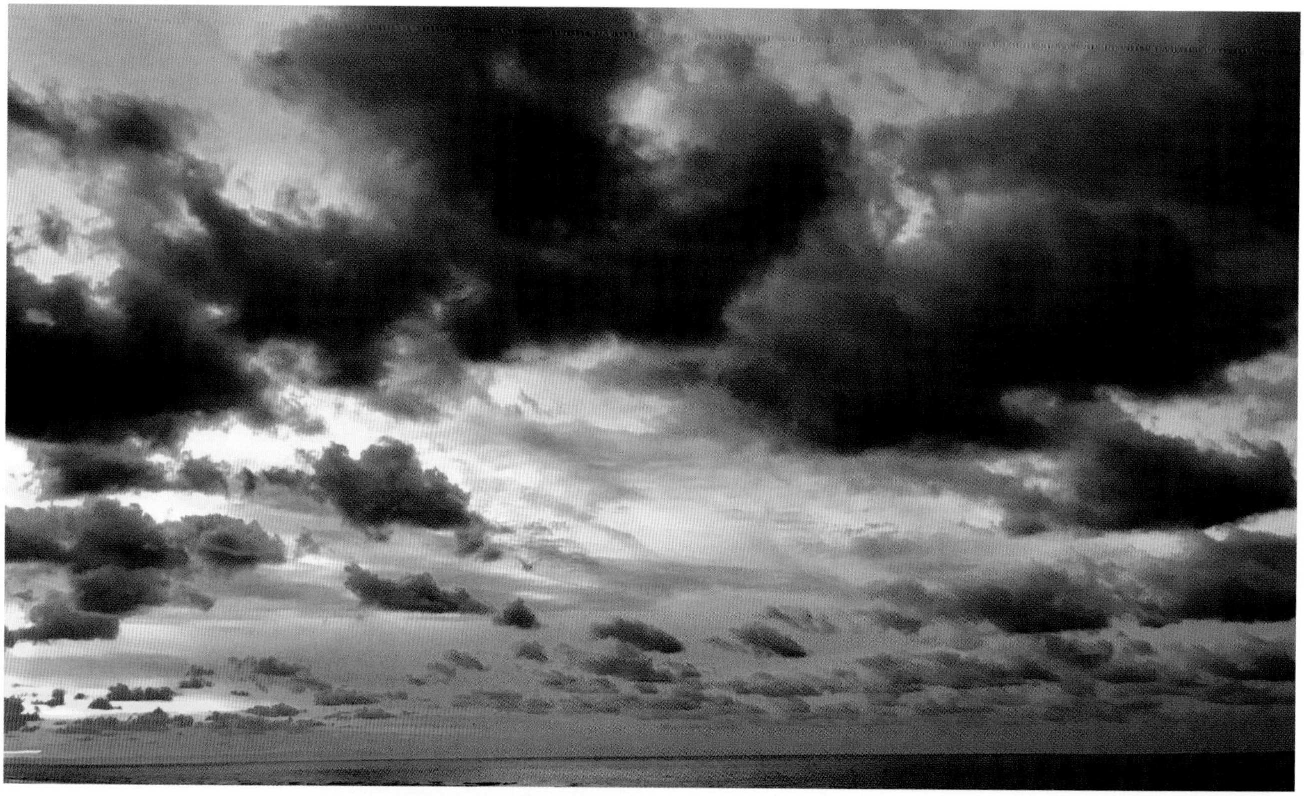

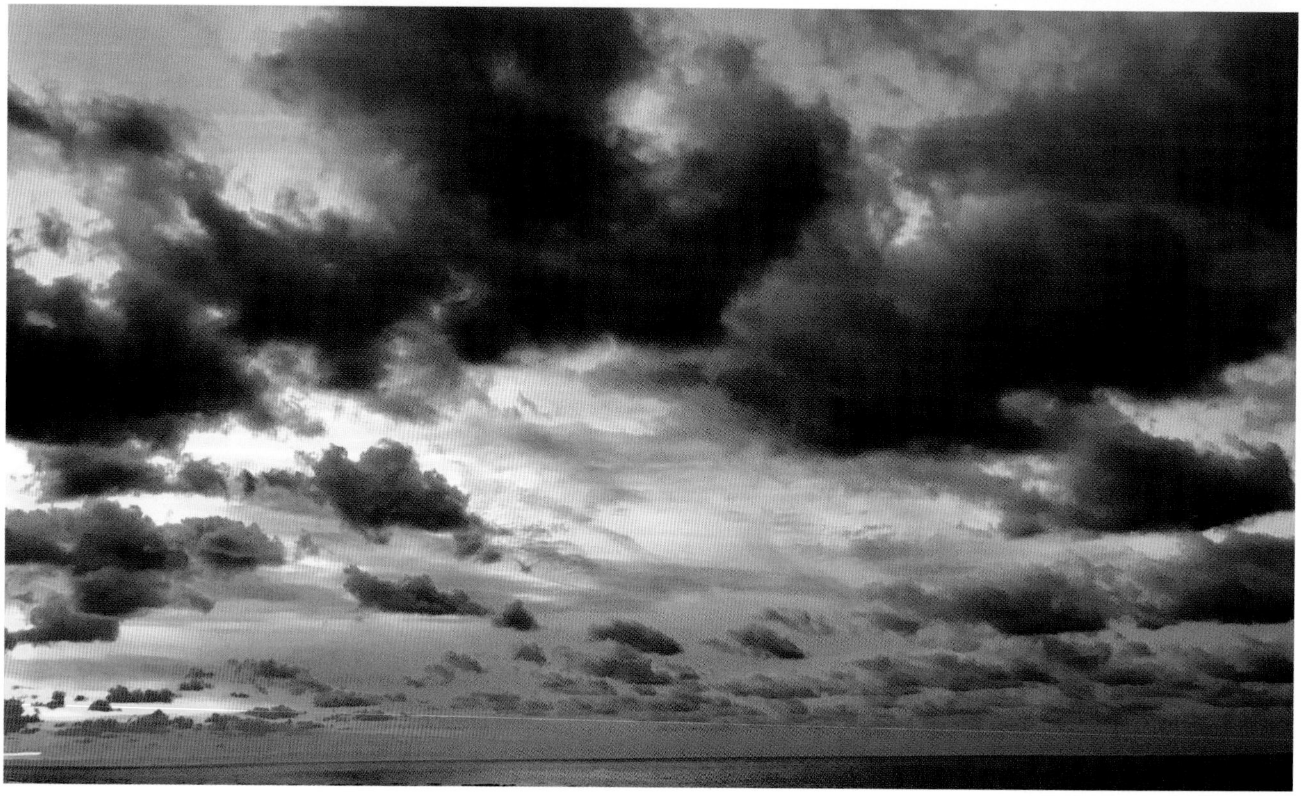

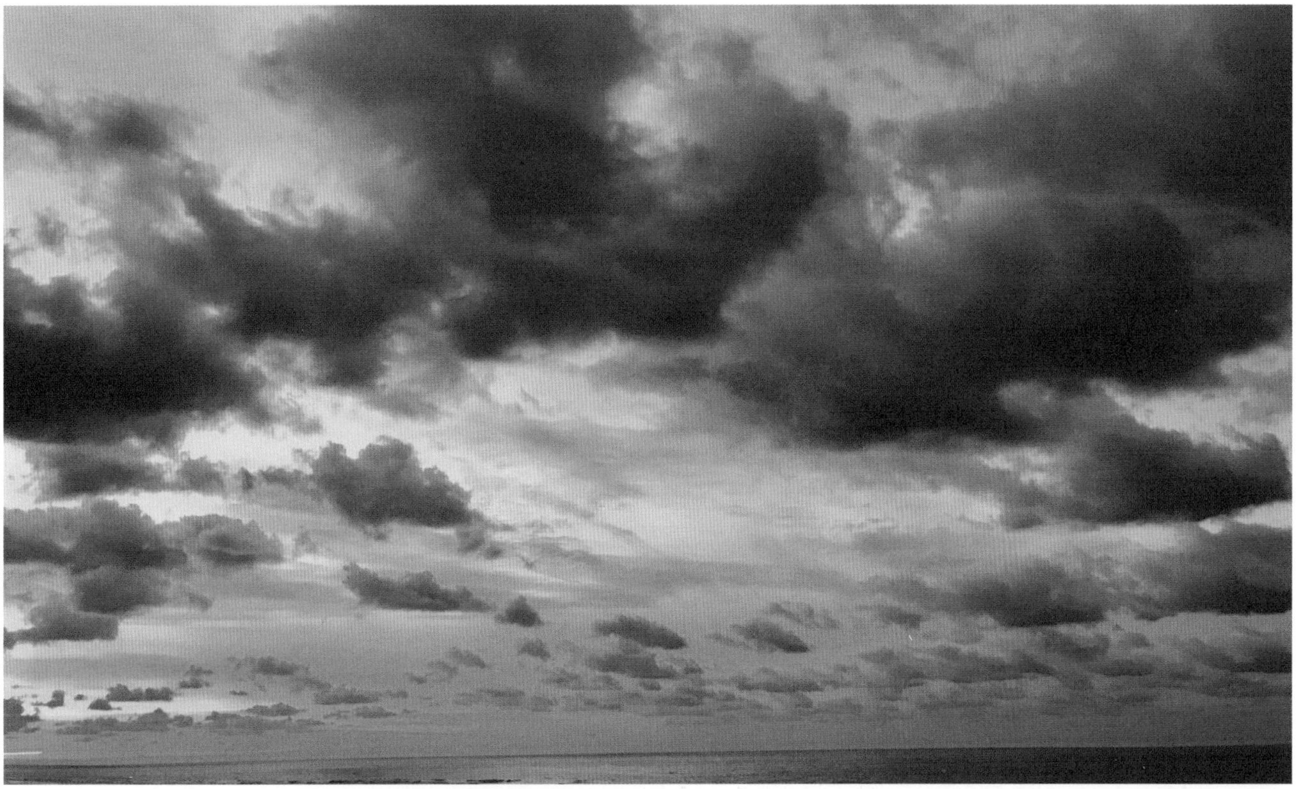

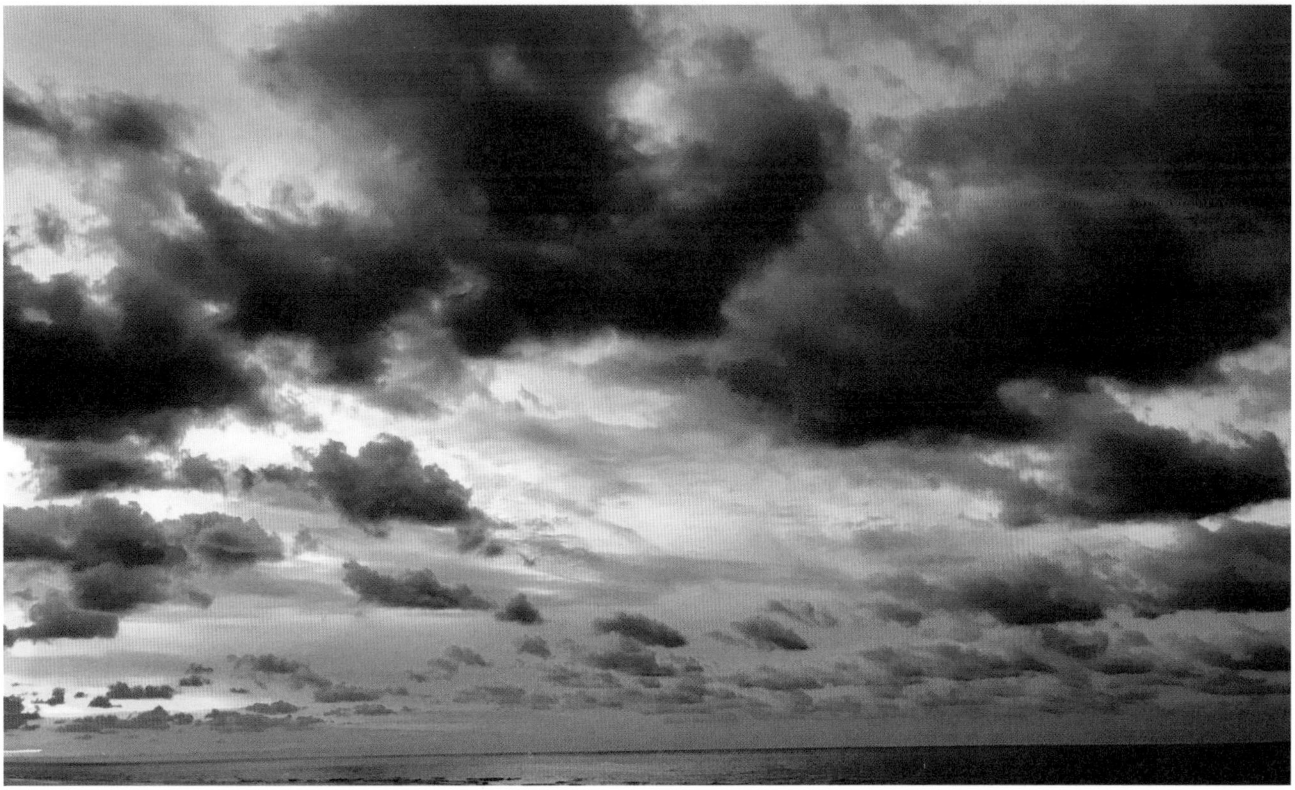

L'épaisseur de la lumière

2

纸　张

纸张生产

　　如果你是一个求知欲强烈的人，市面上有很多关于纸张生产与使用技巧的书籍可供阅读。在此我们略过钞票、卷烟纸以及其他的绘图纸，只关注我们感兴趣的几个重要的技术概念：以出版发行为目的时应当如何选择印刷用纸并进行装订。

　　纸张的原料是一种叫作纸浆的纤维状物质，它需经过一个足球场那么大的机器层层加工才能成形。造纸需要混入大量的水（初始比例可以从 1% 至 99%），进入机器的木材纤维被碾压粉碎，排列整齐往同一方向行进，形成液体薄膜，经过滤、压榨、烘干、压光等工序后再加入着色剂与黏合剂，有时也会为其添加一道矿物涂层，成形后被机器卷成一捆捆巨大的"母卷"，然后被切割为较小的"子卷"，最终被制成印刷所用的纸张。

　　纸张在结构上与布匹相似。与织物一样，纸张纤维有一个"方向"。该方向决定了纸张折叠时的柔软度，也因而决定了你翻阅书籍或宣传册的舒适度。纸张的正确方向，即沿着纤维运行的方向被称为"纵向"（也称为机器方向），与纸张的长边平行。在印刷中要尽可能遵循纸张纤维的方向，以免出现问题，我们会在下文中分析（见第 114 页）。

使用"反纤维方向"的纸张会导致书芯扭曲变形。

匀度，即纸张的结构，
可以在纸张透光时检查。

纸浆中的纤维来自不同的原材料，经过复杂的处理工序获得期望的效果。直至 19 世纪，人们还要从废布料、大麻以及亚麻（亚麻纸）中获取纸浆，之后才改为使用不同木材的纤维：富含树脂的软木（松树、冷杉等）的纤维较长，制成的纸张更耐用，而阔叶树（桉树、橡树、桦树等）的纤维较短，能使我们灵活地调整纸张的质量、特性、透明度与匀度（在透光时观察到的纤维均匀程度）。

纸浆分为化学纸浆与机械纸浆，后者中含有的褐色渣滓容易导致纸张在短期内发黄变脆。含有木素（trace de bois）的涂布纸与非涂布纸优先用于印刷报纸、杂志这类存续时间较短的出版物，有时也用来印刷口袋书。化学纸浆生产出的纸张质量更高，十分接近从前用织布制作的纸张，它经过氧化、洗涤、漂白等工序去掉了褐色物。这些漂白纸张的工序曾经对环境造成严重污染，现今已经得到控制，使人们能够生产价格实惠的优质纸张。

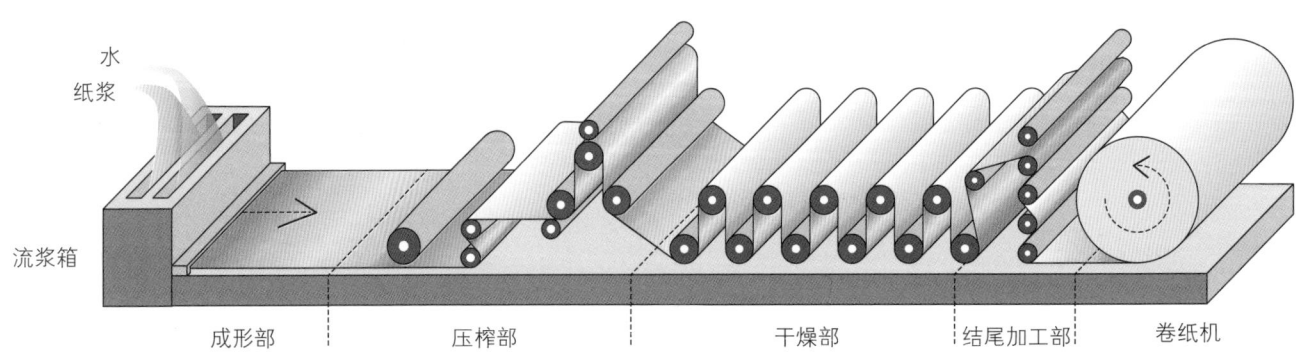

水
纸浆
流浆箱
成形部　压榨部　干燥部　结尾加工部　卷纸机

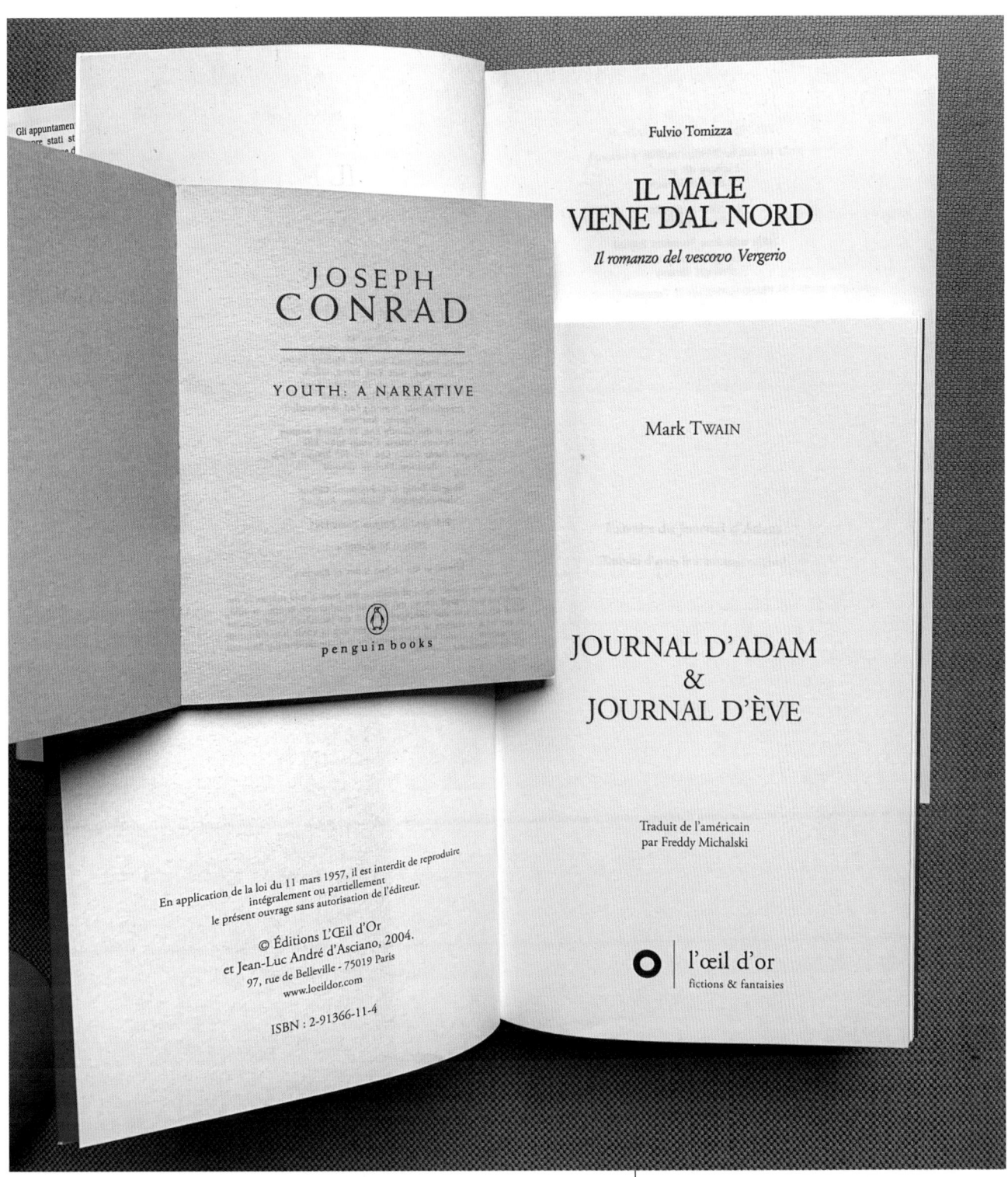

老化程度不同的纸张：白色的是不含木素的纸张，乳白色的则是含有木素的纸张，浅黄色的纸张含有更多木素。

印刷与造纸技术发展传播简史

法语中纸张（papier）一词，源于拉丁语的
papyrus 以及古希腊语的 pápyros。该词叙述了这种
介质的起源：一种能使智人外化思想、储存信息与
增加记忆容量的持久载体，人们最初在纸上记录各
种交易、法律与公证行为，之后逐渐开始记录自身
的历史、信仰以及与之相关的绘画。

纸张一直在以多种多样的形式进化。它曾经服务
于各大一神教派的发展，他们将这种载体作为向大众
宣传的工具。在工业革命中，纸张经历了自我革新，
最终它又被用于革新人们的思想。

古埃及人用纸莎草的根茎薄片制成纸卷，这种
纸卷在整个地中海地区广泛使用。但随着罗马帝国
的衰亡，西欧的纸张进货渠道被战争与贸易往来中
的盗贼侵扰所切断，欧洲人便使用动物皮纸来代替
莎草纸。动物皮纸由各种食草动物的皮肤制成，尤
其是小牛皮。当时人们利用胎死腹中的小牛的皮，
经过精细与坚实的加工处理制成上等的皮纸。动物
皮纸的出现造就了欧洲中世纪泥金装饰书籍的辉煌。

中国人在公元 3 世纪时就掌握了现代造纸的基
本配方，当时人们使用竹子、桑树皮、亚麻以及大
麻造纸。这便是亚麻纸的历史开端。

从 5 世纪开始，中国人与波斯人之间紧密的政治
经贸往来使这种材料在东方大地上得以迅速流通。
但直到公元 8 世纪的撒马尔罕战役之后，阿拉伯人才
参透了造纸技术的奥秘。他们俘虏了中国的工匠，
把造纸技术占为己有，伴随着军事扩张以及《古兰
经》的传播，阿拉伯人实现并稳固了伊斯兰教的宗
教与政治愿景。★

很多时候是阿拉伯人替欧洲的基督教徒们重拾
起了古代智慧的精华并传授他们最先进的技术，例
如数学与天文学。随着阿拉伯人征战的脚步，纸来
到了小亚细亚，然后是埃及，在公元 1000 年左右
来到了西班牙与西西里岛，特别是 13 世纪时来到
了意大利中心地区的城市法布里亚诺，在这里人们
见证了纸张的机械化制造。此地是贸易网络的交汇
之处，南边的阿拉伯人、北边的银行家、穿越亚得
里亚海与地中海的行商均往来于这片属于罗马教皇
的领地，纸张贸易取得了巨大的商业成功。

与纸一样，现代印刷技术的源头是公元 7 世纪
在中国出现、后来传至日本与朝鲜半岛的雕版印刷
术。之后，活字印刷术被发明出来，当时它在佛经
的印刷与传播上被大量应用。13 世纪时出现了类似
钞票的印刷物，马可·波罗在他的旅途中可能曾有
幸目睹。此时，成吉思汗带领蒙古军队建立了广袤
的帝国，雕版印刷技术也随着征战传播开来。

传说伊斯兰教的先知在真主的口述下写出了

古希腊莎草纸（200 mm×295 mm），公元前 154 年。

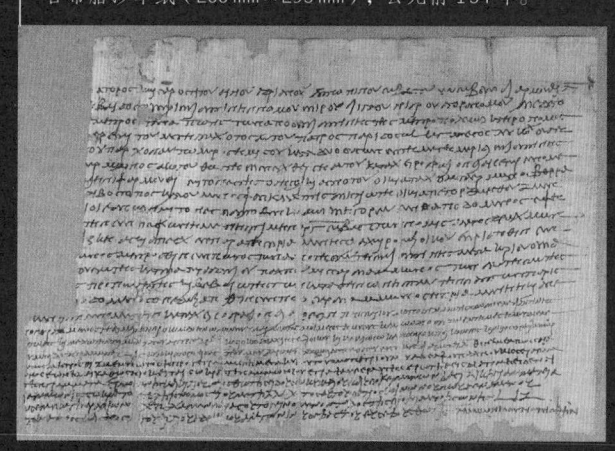

★译注：事实上，有学者的研究指出早在唐与大食的战争之前，
造纸术就已经通过和平途径传入中亚地区。

《古兰经》，或许是出于对真主的敬意，古时的穆斯林教徒在已经掌握机械化印刷技术的情况下，仍保持着手写文书的习惯。直到19世纪，《古兰经》的第一个印刷本才在土耳其出现。至于天主教徒，长期以来他们一直拒绝接受这些由阿拉伯人传播的"异教徒的纸张"，因为它们十分易燃且易溶于水。

然而，新兴技术与宗教改革的结合又一次促进了纸张与印刷术的发展。公元1450年，德国人谷登堡改良并完善了金属活字印刷技术，他发明了使用印刷机与印刷油墨的现代活版印刷术，他印刷的《圣经》使新教的教义在欧洲北部迅速传播开来。这项发明的意义并不仅限于宗教领域，在接下来的数十年至数个世纪中，由于书籍的生产与复制变得更为便利，扫盲运动发展突飞猛进，文化知识向大众普及，科学不断进步，思想交流变得更加自由。

法国的造纸人主要是新教徒，他们在造纸工业领域十分活跃，积极地推动行业飞速发展。但在17世纪末，由于南特敕令*（L'édit de Nantes）被废除，新教徒受到一系列迫害，他们失去了该领域的话语权与掌控权。一位名叫尼古拉·罗贝尔（Nicolas Robert）的法国人在大革命期间发明了造纸机器，然而之后所有的进展都发生在完成工业化后的马丁·路德的祖国（即德国）。不断上升的进货需求致使人们舍弃以亚麻和碎布作为原料的纸张，转而采用储量十分丰富的木纤维为原料造纸，纸浆因而诞生，并于1844年在德国萨克森（Saxe）注册了专利。

19世纪是报刊、时事宣传手册与小说风行的世纪，印刷会消耗大量纸张，对生产速度的要求也越来越高。19世纪末，法国人与意大利人通过改进油墨完善了活字印刷技术。1903年，美国人开创了胶版印刷技术。

近6个世纪以来，印刷术的发展几乎都基于对谷登堡发明的调整与改进。20世纪70年代，计算机与信息技术的出现提高了印刷速度，尤其是在纸张上重现图像的精度越来越高，同时也越来越讲究技术。

印刷纸张被用于发展人类的各项事业，也促生了大量的畅销书，例如发行量排名世界第三的《毛主席语录》，仅次于《圣经》与《古兰经》，但排在《达·芬奇密码》与《宜家家居指南》之前。值得一提的是，《宜家家居指南》在全世界发行量巨大，它于2015年超过了《圣经》，但宜家在2020年宣布中止印刷纸质的《宜家家居指南》。

一个新的时代来临了，新的价值观也随之涌现……

*译注：南特敕令由法国国王亨利四世于1598年颁布，该敕令授予新教徒信仰自由以及平等的公民权利，但在1685年被法国国王路易十四废除。

"洋葱皮"纸。

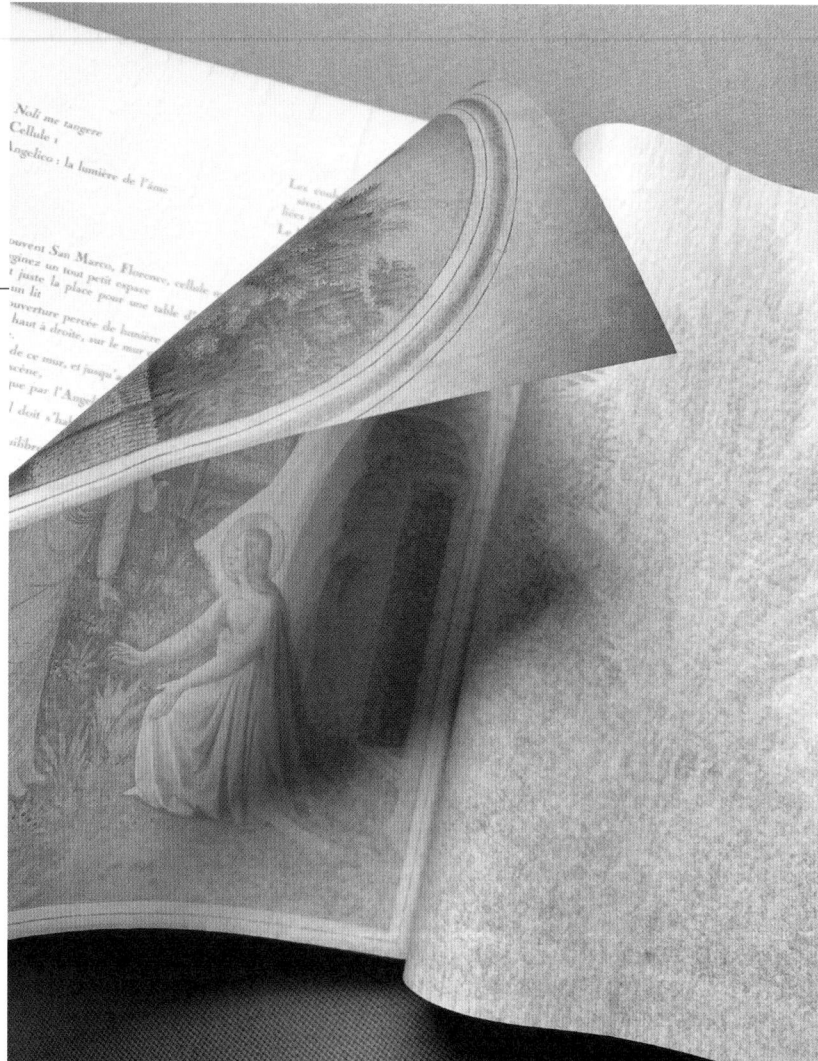

✿ 诀窍

怎样才能知道纸张是否遵循了正确的纤维方向而不是"横向"（反纤维方向）？请试着从两个不同的方向将纸撕开，你可以发现顺着纤维方向撕开的裂口会比较整齐平直，也不会太费劲。

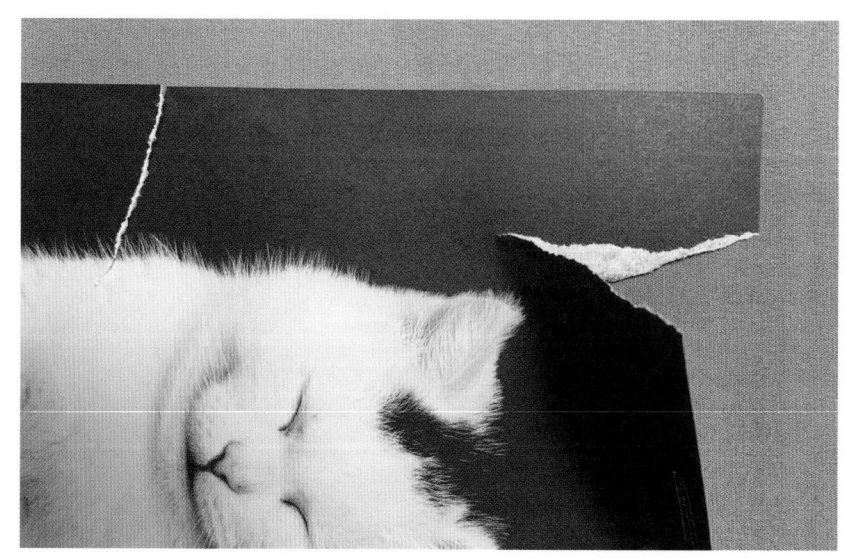

纸张越薄，就越柔软，价格也就越便宜。但有一个例外，当需要生产非常轻薄又极度耐用的纸张时，我们仍然会使用大麻、亚麻或者废弃纺纱，因为它们的纤维长度是松树与冷杉的10倍，例如钞票或者伽利玛出版社的七星诗社藏书库版《圣经》（*Bible de la Pléiade*）所用的纸张。当纸张的克重低于某个阈值时（大约60 g），它的价格会更高，因为制造时使用了更稀缺与昂贵的原材料。

纸张与环保

和人们固有的观念不同，造纸业或者更准确地说是森林伐木业，是世界上最可持续与最为环保的产业之一。反而是工业化后的农业生产、密集的畜牧业以及贵重金属的开采会导致对森林的大量砍伐。无论是用于生产家具、建材还是纸张，总体来说木材资源的管理状态良好。

由于数字化产品的普及，近年来纸张的产量已经大幅减少，但纤维素纸浆的产量却在上升，人们主要将其应用于包装领域，是塑料的唯一替代品。

鉴于纸张与纸盒的生产需要耗费大量的水和能源，那些主要的纸浆生产商，特别是在欧洲北部地区，不仅能够用长远的眼光管理森林资源，其自身也成为最大的非化石可再生能源生产商，与此同时，他们也严格保障再生水的清洁。该领域的研究与发展目标远大且极具前景。现今生产 1 吨的纸张只需要耗费 4 立方米到 8 立方米的水，而 1980 年时需要 45 立方米。

你并不会因为印刷一本杂志而砍掉一棵树：一棵树的树干主要用于生产家具和建材，纸浆其实来源于锯木厂的碎屑和森林管理中修剪下来的树木枝条，同时我们也会利用可回收的纸张与纸盒。当然，回收行为并非完全没有损耗，但能源总量的增减仍然能够保持平衡，一张纸最多可以回收 7 次，消耗的水量远小于纸浆生产所需。此外，我们甚至能回收涂层纸上的矿物成分并将其再利用于农业生产。

值得一提的是，通过传统方式（凹印或胶印）印刷的可再生纸上的油墨可以回收，与它能够用于印刷的原理相同：这些油墨不溶于水，通过把纸张泡在肥皂水池里将其分离，以浆液的形式回收，可以用于生物质能供暖。

 恼人的问题

打印电子邮件会破坏环境吗？

首先，大家在发送电子邮件前请先三思：你的电子邮件里面是不是带着一堆无用的附件，还要抄送给10个不同的人？这些没完没了的电子邮件会产生巨量的信息数据，这可比石油与碳排放加起来造成的污染还严重，更何况电脑中的很多零件是不可回收的！

人们经常可以看到一个画着小树的环保标识，它警告大家如果丢弃纸张就等于破坏森林，但我们刚才已经告知大家事实并非如此。不过，打印电子邮件也并不是一个环保的行为，原因如下：与胶印油墨不同，数字印刷使用的碳粉与其他墨水以及家庭打印机使用的水性油墨（可溶于水）不可回收再利用，它们排放到环境中也会引发问题。

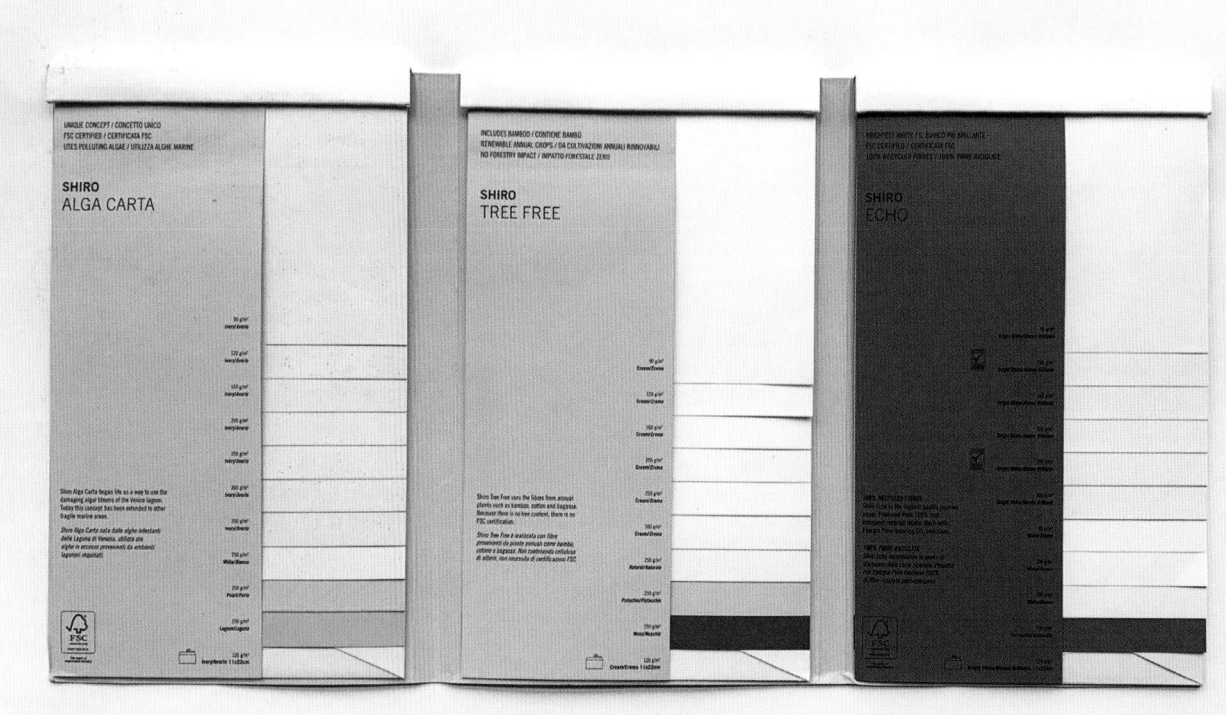

利用可再生水藻制作的样纸。

优秀的范例

　　水藻纸（意大利语：Algacarta）是造纸工业的一个优秀且富有创意的经典范例。意大利造纸商法维尼（Favini）诞生于1736年，当时主要从事亚麻纸的机械化生产，1992年该造纸商利用在威尼斯潟湖中过度生长的水藻制造出一种得到FSC（森林管理委员会）认证的纸张。这种水藻纸取得了空前的成功，以至于今天我们必须要前往英国以及某些亚洲国家寻找供货渠道。这类精美的纸张价格稍高，但仍在可接受范围之内，它有几种不同的颜色，其中包括天蓝色与茴香绿。对了，它闻起来是纸的味道而不是水藻的味道，请放心！

标准、标签与认证

请不要搞混以下概念：

标准用以保障一个产品具有稳定的重复再现性，它必须符合一个既定的细则，但与产品的特性并没有直接关系：你完全可以严格遵照标准生产一种产品，但产品本身会污染环境，例如塑料制品。反之，环境标准明确指出生产中应当遵守的特殊准则，要把整个地球的可持续发展考虑在内。

在相关机构核实必须遵守的环境标准之后，企业可以获得相关的标签认证，该认证定义了一个产品或一个生产流程的特性与质量。

印刷厂可以申请 ISO 14001 认证，它也被称作"绿色印刷认证"，相关职能机构会严格审查与检查标准的执行情况，通过审查后可获批使用相关认证标签。

在欧洲，人们采用一种对生态负责的经济态度生产所有的纸张，使用的是在可持续发展管理下的森林资源或回收物中的天然纤维，有时也会两者并用。

我们也可以再往前多迈一步，寻求一个既包含对环境层面的要求又包含对经济社会方面的要求的认证。

FSC 认证标签是最为全面和应用范围最广泛的一个。它由一个非政府组织管理，该组织与绿色和平组织（Greenpeace）和世界自然基金（WWF）均有合作，它考虑的不仅是生态系统的健康与生物多样性（如同 PEFC 认证标签一样），还会顾及社会与法律层面的问题，例如在生产线上工作的工人的权利或者居住在开发区的本地居民对资源的使用权等。★

怎么选择纸张？

纸张是赋予印刷品个性的决定性因素。它的重量、纹理、表面状态与颜色都在传递信息以及表达潜在的情感。纸张的质量各有不同，耐用程度、光滑程度、泛白程度均有差别，但只有内容与载体之间相互契合才能使你的产品精彩动人。

★若想获取环境标准与认证标签有关的详细信息，可以参考法国环境与能源控制署（ADEME）的网站：www.ecofolio.com。

 恼人的问题

我们是否能做到 100% 的天然绿色印刷？

很遗憾不能，即便在图像工作流程中用尽所有手段将对环境的影响减到最小，即便今天越来越多的印刷商获得了环境管理的 ISO 认证，即便不使用塑料已经成为普遍现象，数字印刷仍无法避免污染，我们会在第 103 页讨论这个问题。

在那个对自然环境无忧无虑的年代里，"冰纸"（papier glacé）这一表达专门用于形容杂志使用的表面平滑光亮的纸张，现今却变成了诱惑与轻浮的近义词。近几年来，追求"精致"不再意味着使用精美的纸张，而是转为使用非涂布纸或可再生纸印刷时尚商品目录，目的是赋予它们一种环保精神以及无拘无束的内涵……代价就是产品质量的下降，但很明显，相对于想传达的潜在信息来说，质量被排在了次要位置。

我们来看一下用以定义纸张的三个主要特性，它们会影响纸张在装订中的表现。

定量（le grammage）：也称克重，指的是一平方米纸的重量。当印刷品需要邮寄时，重量是至关重要的，但在商业策略中，其他因素也应当考虑在内，如透明度、吸墨能力以及价格都将影响你的选择。假设你要印刷免费的广告传单，优先选择价格低廉的低定量含木素涂层纸，因为这些传单的生命周期短暂得如同蜉蝣一般，不到一日就会被扔进垃圾桶里，纸张的耐久性并不重要。

在其他情形下，你可能想赋予印刷物一种厚重感，那么请更多地关注以下两个特性。

厚度（l'épaisseur）：厚度是定量与松厚度之间的比值。厚度决定了折页操作的技术可行性，决定了纸张是否能制成四折页或者多折页宣传册。在轮转胶版印刷中，既不是定量也不是紧度，而是厚度决定了生产中书帖连续折页的成功率。

松厚度（la main）：松厚度是纸张的厚度与定量之间的比值。我们说一张纸"松厚"，意味着比起重量给人的感觉，纸张显得更厚。有点类似于在纤维中注入空气，让体积增加的同时又能减少重量。铜版纸或者普通压光胶版纸的松厚度一般是 0.7cm³/g、0.9cm³/g 或 1cm³/g，某些涂布纸如亚光松厚纸（mats à main）的松厚度是 1.1cm³/g 到 1.3cm³/g，某些我们称之为"原纸"（bouffant）的胶版纸松厚度可以达到 1.8cm³/g 到 2cm³/g。（请参看第 211 页如何通过纸张的定量与松厚度计算书帖的厚度）

我们会使用原纸或者松厚度高的纸张来赋予印刷品一种厚实感，但

| 1158 p. | 660 p. | 382 p. | 384 p. | 288 p. | 192 p. | 140 p. | 116 p. | 80 p. | 48 p. | 32 p. |

纸张的厚度取决于定
量，但更取决于松厚度。

同时又能减轻它们的重量：虽然页数很少，重量很轻，但当购买者手里
拿着一本"厚厚"的书时，心里就会觉得"物有所值"！巴黎的博物馆
开展的一项调查指出展览手册最大的消费人群是退休的老年人，他们可
不愿意手上拿着一本笨重的书在博物馆里逛上一天。

　　最后要说的是，情感因素也会很大程度地左右纸张的选择。当你接
到一个棘手的任务，准备选择纸张时，不要被它的复杂性所吓倒，而是
要尝试发掘每种纸张的优势与各方面的特性：学会跟着自己的品位走，
也多听听印刷商的意见，他们会告诉你每种纸张的局限性、优点与缺点。

不同类型的纸张

我们一般根据结实度、底色、纹理以及采用的印刷技术来选用纸张。纸张的价格会随着重量与它的技术特点而变化。

每种类型的纸张都存在不同的定量。

* 30 g 至 70 g：专用的轻纸，耐用度高，一般有特殊用途（钞票用纸、圣经纸、薄纱纸、包装用透明纸等）。

* 80 g 至 170 g：用于报刊与书籍印刷的软纸。

* 170 g 至 300 g：稍硬的纸张，超过 250 g 的纸一般是卡片、胶版纸或铜版纸。

* 350 g 至 400 g：坚硬的卡纸，一般用于包装、贺卡、邀请函或者书籍封面等。

* 超过以上重量的纸我们称之为纸板，已经不能再用 g/m^2 来衡量，而是用厚度的单位毫米计算。

想知道更多细节的话，请参考第 84 页至第 86 页的表格。

各种颜色的小尺寸彩纸，被存放在印刷商处。

模仿布料纹理的特种纸。

不能踩的坑

我们会在后面（第 88 页至第 91 页）详细分析纸张颜色会造成色彩偏差的问题。请先记住在某一张有颜色的纸上印刷另一种颜色时，并不会得到想要的颜色，而是两种颜色的结合。

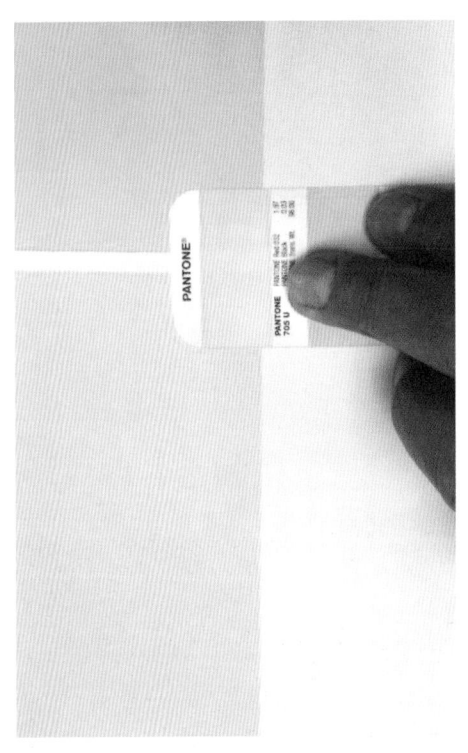

颜色与材质

大部分类型的纸张都有它们的"彩纸"版本，即表面与内部均染有颜色的纸张，在制造纸卷的过程中通过加入颜料或者采用其他污染较少的手段为纸张上色。此外也有彩色卡纸，较硬的卡纸会用于书籍封面或包装，还有一些精装书中有各式纹路与图案的压纹纸。

纸张的主要分类

压光纸（calandré）

压光指纸张经过轧平与磨光处理。在造纸的过程中，纸张会经过滚轮的辗轧。该操作会赋予纸张一定的厚度、不透明度与限制油墨吸收的表面。纸张的压光程度越高就越光滑，但也越薄，同时会失去松厚度。

胶版纸（offset）

当纸张根据一定的松厚度经过不同程度的压光后，在它的表面喷涂一层胶液，用以限制油墨渗透。由于胶版纸表面并不光滑，因此最初它是一种专用于阅读和书写的载体。胶版纸，尤其是它的原纸版本，被广泛用于文字书籍的印刷。

涂布纸（couché）

除压光程度较高以外，涂布纸会经过一系列的额外加工处理以获取某些特性。最常见的就是使用高岭土与其他辅助涂料混合，涂抹在纸张的两面。此外，也有用于印刷海报、书籍护封或者一些手册封面的单面

纸张的表面会影响它的分类
以及印刷方式。

左边是 1987 年印刷在亚光铜版纸上的巴勃罗·毕加索的自画像，右边是 2018 年印刷在胶版纸上的同一幅画。尽管暗区的细节在通过对线条恰当地处理后更加明显，但存在的色差问题是无法回避的，因为这与纸张对光线的吸收能力有关。

不应强"纸"所难

尽管涂布纸的使用状态可以说是无可挑剔的，但胶版纸近十几年来在出版行业仍然十分流行，包括一些对图片还原度要求很高的艺术书籍也在采用胶版纸。诚然，目前胶版纸的生产技术得到了大幅改善，造纸商们也费尽心思地开展市场营销，我们也看到胶版纸能够呈现出绚丽的色彩与精美的效果，但我们不应自欺欺人，有一些细节与颜色是无论如何都没法在胶版纸上重现的。视觉法则或许要比市场法则更为顽固，它决定了在某种特定材质上颜色的表现，我们也无能为力。调色师有时无法满足你天马行空的想法，因为他确实无计可施了。他当然不会断然拒绝你的要求，他只能在你选择的纸张和技术限制两者的约束下尽可能实现最好的效果。

同样的颜色印刷在一张光面纸（下方）和一张亚光松厚纸（上方）上的效果。后者由于压光程度低，没那么光滑，因此吸光能力更强并能改变颜色的光线。

✳ 诀窍

选择纸张最好的方式就是去问经销商索要样纸，你也可以直接拿一本书展示给印刷商：他们会找到纸张的商品编码或者给你推荐一款类似的纸。无论在什么情况下，索取样纸都是必需的，因为印刷商可以根据样纸轻松地从造纸商处获得纸张。此外，强烈建议索要一份空白样书，尤其是那些拥有一定厚度的书籍，只有拿在手上你才能感觉得到它的重量、手感、柔软度以及翻阅的舒适度。

涂布纸。现代涂布纸一般只涂一层，而传统涂布纸会涂上两层甚至三层，使纸张能以最好的效果吸收油墨，如此油墨既不会渗透到纤维内部也不会残留在表面上，不会使后面的纸张留下油墨污渍。涂布纸是最能准确重现颜色的纸张，因为油墨不会在纸张上散开，网点可以更好地保持本来的面积。由于油墨附着在纸张表面，对光线的反射大于吸收，可以更好地呈现颜色。

根据纸张的压光程度与涂层数量，涂布纸又可分为光面、缎面、半亚光和亚光四种类型。当然，在获得光泽的同时也会失去松厚度，反之亦然。一张"冰纸"比同等定量的亚光或半亚光涂布纸摸起来更柔软，厚度更厚，格调更高。

亚光松厚纸（mat à main）

这是一种混合纸张，它的表面没有光泽，纸张的性质介于涂布纸与非涂布纸之间。铜版纸和胶版纸都有标准的颜色配置文件，但对于亚光松厚纸最好咨询制版师，他会帮你寻找一个适合的颜色配置文件。

根据表面状态的不同，纸张会以不同的方式吸收墨水，呈现出的颜色效果也千变万化。因此在处理图像的时候需要十分谨慎，颜色并不具备固有的特性，它的呈现与印刷载体反射和吸收光线的能力有直接联系。

在第84页至第86页的表格中，你可以看到每种纸张的特点以及每种类型的纸张应当采用的配置文件，我们把各式各样的纸张的特性、优点与缺点都详细列了出来。

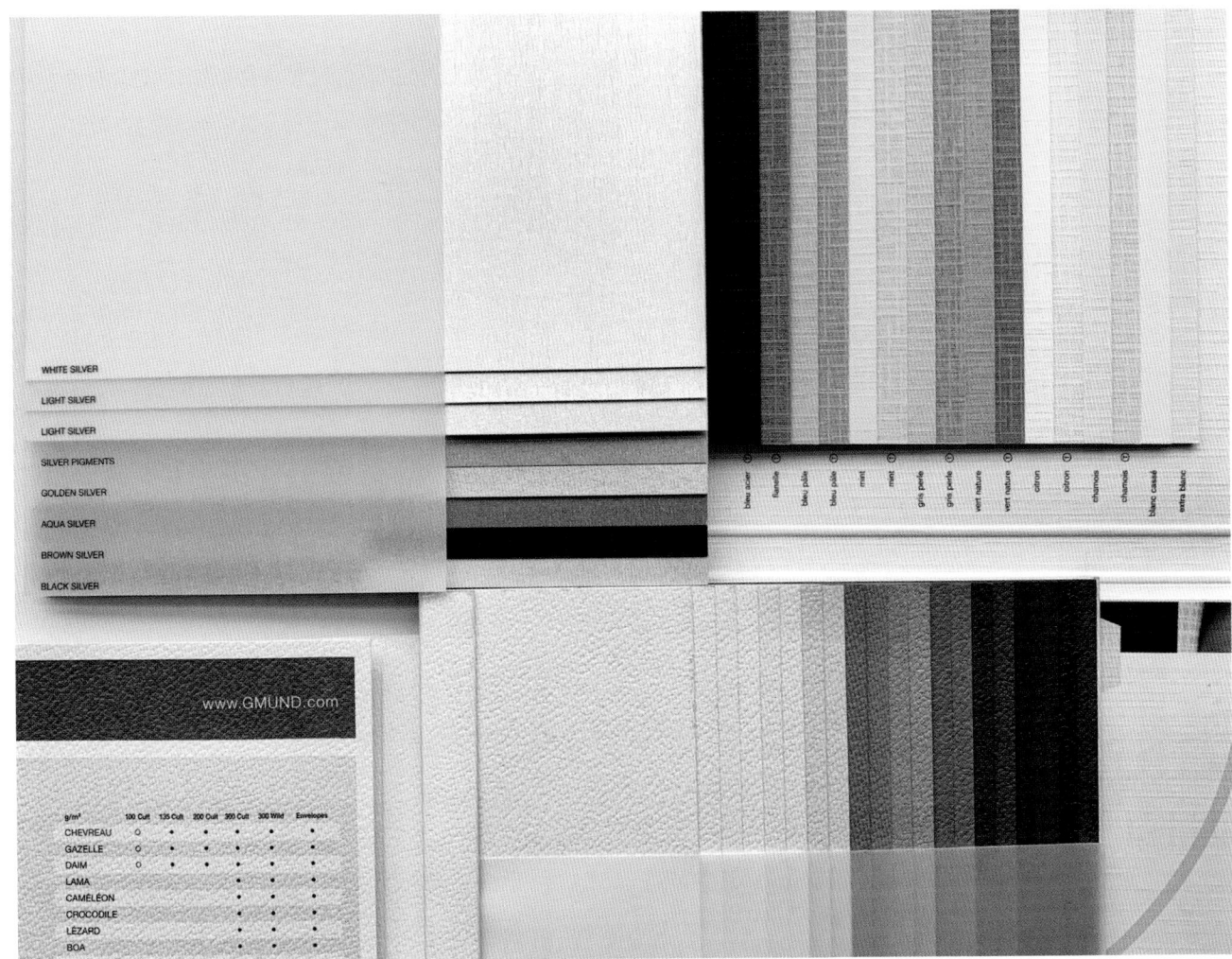

特种纸（艺术创意纸）

透明纸、反光纸、金属纸、皮纹纸、虹彩纸、颗粒纹路纸……特种纸的选择范围广泛，其种类数量与应用领域的创造性息息相关，比如时尚领域和绘图领域。无论是涂布还是胶版，特种纸都具有颜色丰富、纹理多变、压花美观的特点，一般用于精装书封面或者商品外包装。

该类纸的用途不尽相同：部分特种纸是专为精装书封面设计的，在包裹纸板时折叠处不会发生断裂的现象，而其他种类只能承受普通的开槽。

非涂布纸			
	原纸	新闻纸	薄胶版纸	胶版纸
重量	45 g~90 g	35 g~60 g	22 g~60 g	60 g~350 g
松厚度	1.5 cm³/g~2.2 cm³/g	可变，不固定	1 cm³/g~1.2 cm³/g	1 cm³/g~1.4 cm³/g
表面	粗糙不平、多孔隙、毫无光泽	经过超级压光的新闻纸表面平整光滑	不同纸张表面不同：圣经纸、"洋葱皮"纸、薄纱纸、七星诗社藏书用纸	平滑或带颗粒感
用途	适合印刷文字书籍、简笔画图或者灰度图、水彩画图	用于印刷每日新闻报纸、免费报纸、传单、号码簿等，仅限轮转印刷使用	适合印刷页数特别多的书籍，透明度高、相对于本身的低克重，该纸拥有较高耐久度，用于宗教书籍、字典或年鉴的印刷	用于印刷文学书籍、绘本、公路地图、行政文件、新闻与通讯读物
优点	既厚又轻，不透明，非常适合阅读与书写，有白色和能缓解阅读疲劳的乳白色两种颜色，契合胶水的特性，特别适合胶装	厚度小、克重低、不透明、耐久度高	作为印刷用纸耐久度高，稳定性好	无论是办公用还是艺术图书出版用都存在几种不同版本的纸，光滑程度与底色各有不同；印刷表现稳定、结实、不透明，能接受四色印刷，细节表现好
缺点	孔隙过多导致容易吸墨，没有任何光泽，一般来说不适合照片印刷或者四色印刷	非常吸墨，档次不高，短期内容易发黄	因为技术含量高所以十分昂贵，印刷和制作难度较高（需要专家协助）	高克重的胶版纸比较硬，尽管表面有施胶但没有涂层，因此油墨会渗透纸张纤维，导致颜色相对暗淡，细节比较模糊
配置文件	FOGRA 47L/ FOGRA 52	FOGRA 47L/ FOGRA 52	FOGRA 47L/ FOGRA 52	FOGRA 47L/ FOGRA 52

涂布纸

薄铜版纸	光面铜版纸	半亚光铜版纸	亚光铜版纸	亚光松厚纸
22 g~60 g	70 g~350 g	70 g~350 g	70 g~350 g	70 g~170 g
0.75 cm³/g~ 0.8 cm³/g	0.75 cm³/g~ 0.8 cm³/g	0.85 cm³/g~ 0.92 cm³/g	0.9 cm³/g~ 1 cm³/g	1 cm³/g~ 1.3 cm³/g
平滑	非常平滑且反光	较光滑	无光或完全无光，平滑	毫无光泽
用于印刷商业调查问卷、宣传手册、传单、邮购商品目录、产品说明书等	用于印刷杂志、宣传册	用于印刷普通书籍、杂志、宣传册	用于印刷普通书籍、杂志、宣传册	用于印刷普通书籍、杂志、宣传册
非常便宜、克重很低、印刷表现稳定	能更好地重现颜色，涂层越多（一层、两层或者三层），就有越多的油墨停留于表面	松厚度适中，印刷适应性好，对油墨吸收性好，不透明	表面不反光，适合阅读，结合了胶版纸的不透明度与光面纸的印刷适应性	体积大但重量轻
除部分附图的百科全书外，它的用途仅限于一些低档的一次性印刷物，印刷和制作难度较高（需要专家协助）	压光程度高，纸质较软，松厚度低，高克重的光面铜版纸折叠时涂层部分容易爆裂，因为反光不适合长时间阅读	相对于光面铜版纸光泽稍弱	压光程度低，油墨有的时候不能很好地被吸收（需要喷涂），色域范围相对光面纸或亚光纸稍有减少	颜色比较暗淡，折叠的书帖页数较少
FOGRA 39 / FOGRA 51	FOGRA 39 / FOGRA 51	FOGRA 39 / FOGRA 51	FOGRA 39 / FOGRA 51	原则上使用FOGRA 39 / FOGRA 51，但建议稍微调低高光，然后降低四分之三的色调*

* 有时根据要生产的印刷品性质，胶版纸的颜色配置文件可能更为合适。
  请在处理（制作）图像前咨询你的印刷商。

	其他纸张			
	牛皮纸与包装纸	卡纸	纸板	数字打印纸
具体描述	牛皮纸一般用针叶树的长纤维制成，特点首先是结实（包装用纸、公路地图用纸等），其次是柔软（折叠时不会断裂，用来包装成捆的书籍、盒子、纸箱等）	主要用于包装、书籍封面或者宣传手册，一张卡纸的克重范围是250 g～400 g，卡纸可以没有涂层（胶版卡纸）或者只有一层涂层（单面涂布卡纸）或者两面均有涂层（双面涂布卡纸）；卡纸和特种纸可以进行各式各样的精加工与压纹处理	通常用于包裹其他物品（纸张、布或精装书材料等），纸板的厚度范围是0.5毫米～5毫米，未经加工的纸板一般是灰色的，但也存在各种颜色的版本	主要用于碳粉或者喷墨打印的纸张，这些纸张必须能承受高温（激光打印机的加热），也要能承受一定的湿度（喷墨打印机的墨水），因此它们通常都经过特殊的加工处理。造纸商现在提供越来越多的普通纸张或者特种纸的数字打印版本
配置文件	FOGRA 47 L / FOGRA 52	有涂布的部分：FOGRA 39 / FOGRA 51 无涂布的部分：FOGRA 39 / FOGRA 51	注释：纸板印刷一般采用丝网印刷或热转印，因此最好使用线图（1200DPI）	咨询印刷商

	其他载体					
	金属	PVC膜（防水布）	普通玻璃	有机玻璃	织物	木头
配置文件	FOGRA 39/51	FOGRA 39/51	FOGRA 39/51	FOGRA 39/51	FOGRA 47/52	FOGRA 47/52

在此我们列出了最常见的印刷载体，可以使用不同的技术在这些载体上进行印刷。

技术的发展日新月异，本书的数据指标仅供大家参考，也有待大家验证。几乎所有的载体都可以采用丝网印刷，也经常使用胶版印刷，但

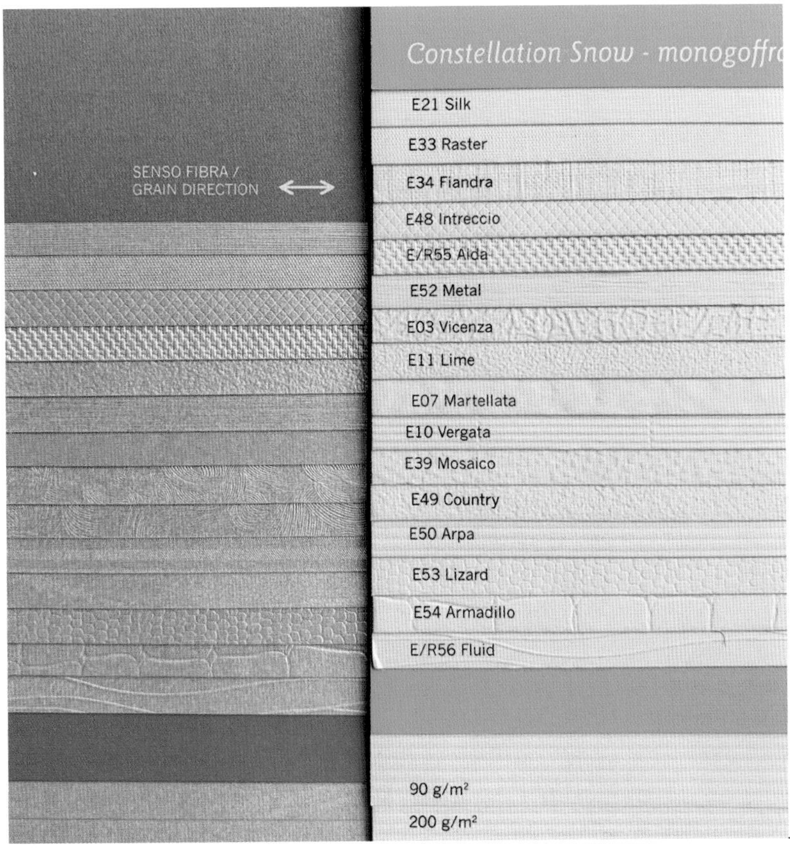

Constellation Snow - monogoffrà
E21 Silk
E33 Raster
E34 Fiandra
E48 Intreccio
E/R55 Aida
E52 Metal
E03 Vicenza
E11 Lime
E07 Martellata
E10 Vergata
E39 Mosaico
E49 Country
E50 Arpa
E53 Lizard
E54 Armadillo
E/R56 Fluid

SENSO FIBRA / GRAIN DIRECTION ⟷

90 g/m²

200 g/m²

不同颜色的纸板。

白色和有色涂布卡纸，带有不同压花图案。

前提是要掌握 HUV/LED 技术。木头和织物能够吸收油墨，因此这两者的文件可以按照胶版纸进行设置，其他大部分载体的印刷效果类似于涂布纸，但分辨率与线数要根据印刷物体尺寸大小和人们观看的距离来判断。如果印刷图像的尺寸巨大，网点也会很大，数量少且距离远。如果用胶印印刷任意纸张，图片的分辨率不应低于 300DPI，而如果印刷商店橱窗的透明贴纸，200DPI 就足够了。在塑料防水布上印刷，通常使用的分辨率是 122DPI，但若想呈现一个能被近距离观察的精细图像，需要提升到 200DPI，对于尺寸较大的防水布，分辨率可以降至 96DPI。无论如何，印刷商都会告诉你具体的参数，他知道如何诠释你的文件和如何选择印刷线数。因此，针对每个印刷项目，你都应该咨询印刷商，了解在某个特定载体上印刷某个特定产品的相关意见。

⚠ 请注意，某些材料上的压花需要经过特殊的工艺处理才能使载体获得良好的印刷适应性。某些造纸商提供的样纸虽然十分美观，但需要特定条件才能实现，并不是随便一个印刷商或者随便一台机器就能保证在有压花的纸张上实现同样的油墨渗透效果。

空白的纸与白色的纸

　　如果你拿着不同的白纸询问周边每一个人,你很快会发现大家对色彩理解的差异,有时还特别明显。

　　"纸张的白色"这个话题完全值得我们再多聊几句。

　　根据材质、添加的辅料成分以及涂层不同,每种类型的纸张色调都可能产生变化,"白纸"这个概念也会随着载体(纸或其他)本身的色调偏暖还是偏冷而改变。

　　从前文中我们已经知道,由机械浆制造出的纸张含有木素,因此颜色会偏乳白色并随着时间逐渐加深。某些情况下,我们可以利用这类带有偏暖色调的纸张印刷纯文字书籍,因为它可以为阅读者提供宁静舒适的阅读体验。另一些情况下，我们需要一种适合呈现素描、水彩画、色粉画的材质与色调的纸张，一些纸张正是为重现绘画的美感而专门设计的。要再现达·芬奇的绘画，有什么能比带有淡乳白色的原纸更好呢？

另外，我们也知道在造纸工序中最重要的步骤之一就是尽可能地漂白纸浆，目的是使成品拥有一个漂亮的白色效果。一直以来这都是造纸商的主要目标，直到最近，人们发现漂白剂中的氯对河流水源造成了污染。

纸浆看起来偏黄是因为它吸收了蓝色波长范围的光波。正如洗衣粉、颜料和去黄洗发水一样，我们使用上蓝剂（azurant）以人工的方式漂白纸张（天蓝—蓝—冷色调光线），它的分子吸收了紫外光线（根据其定义人类肉眼不可见），然后以蓝白荧光的形式重新发射。

当有人说一张纸是白色的时，请先在不同白色之间存在细微差别这一点上达成共识……

改变颜色配置文件会产生明显的颜色差异，即便是印刷在同一种纸上。

从下至上：

（1）配置文件 FOGRA 39（涂布纸），打样用纸：缎面纸；

（2）配置文件 FOGRA 39（胶版纸），打样用纸：亚光纸；

（3）配置文件 FOGRA 47L（胶版纸），打样用纸：亚光纸。

纸张与颜色

厚度与纹理不同的纸张在与油墨（或者数字打印的碳粉）发生相互作用后，以不同的形式呈现颜色。

近年来有使用增白纸张的趋势，尤其是非涂布纸。但我们不能忽视一个事实，这些耀眼的白色实际上是蓝白荧光，如果要在这类纸张上面印刷其他颜色，纸张本身的颜色也必须考虑在内，属于印前管理工作的一部分，在带木素的偏黄纸张上印刷也是一样的情况。

人们说的白纸的"白"指的是一张印有内容的纸张上的间隙部分，也就是所谓的"空白"部分或者纸张原本的样子（没有油墨的地方）。

左边是一幅画在绘图纸上的原画，右边是一张"白纸扫描"的图片，消除了原本纸张上的底色与颗粒。

"白纸扫描"（scanner au blanc papier）是制版时使用的一种表达。当我们需要将一幅素描或者水彩画转化为数字图像时，由于原本的绘画是在一张有浅底色的绘图纸上完成的，这时制版师会校准扫描仪，或者在 Photoshop 中处理图像，使得 0% 至 2% 的对应纸张底色的印刷网点不再重现：带有黄色、品红色，也可能包含了青色的构成底色的微小百分比会被删除，使图片能以纯白色背景呈现。（此外，不要以为"白纸扫描"能像魔术一般除去所有污渍以及纸张"白色"边缘和图画周围的黑点：这是交给 Photoshop 橡皮擦工具来完成的第二个步骤，是一个费时的技术活。）

　　相反，若你决定在一张有底色的纸上印刷图像（例如北极纸业的 Munken Lynx，Gardapat 13，Rives，Conqueror 系列的纸张以及其他所有被认为是乳白色的纸张），必须要明白图片在有底色的纸上呈现

左边是两张"白点"不同的纸张呈现的印刷效果。

书籍印刷在增白胶版纸上,效果符合预期。封面图片在制版时也根据胶版纸印刷的颜色配置文件进行了调整,但购买纸张时搞错了商品编号(买成了米白色纸而不是纯白色纸),因而导致颜色发生了变化。

左侧是一幅在带有浅底色的纸上进行数字打印的测试图；右侧是在一张白纸上使用胶版印刷的效果：两者存在惊人的色差，尤其是较浅颜色之间的色差。

时颜色密度会增加。

这是很自然的事！这就好似往一块黄色棉布而不是白色布料中加入海军蓝染料，当布料从机器里出来时你会发现根本不是蓝色，而是暗绿色。

如果你精通技术手段，你可以自己把握，否则最好把以下关键信息告诉制版师：你到底打算在什么纸上印刷。纸张的纹理很重要，但颜色和白点一样重要！

 检查清单
理解纸张

- 确定与纸张相关的优先度

- 定量（邮寄考虑低定量，高定量用于增强印刷物质感）

- 厚度（低厚度用于制作页数较多的折页手册，高厚度可以提高硬度）

- 松厚度（柔软的宣传册需要低松厚度，高松厚度使书籍变厚同时变轻）

- 检查纸张的透明度，特别是定量很低或者松厚度很高的纸张（原纸）

- 索要样纸与空白样书

- 与印刷商确认纸张存货情况、生产时限以及送货时间

- 按预计日程订购纸张

- 不管是制版师还是图像设计师，在开始所有颜色工作前必须选好使用的纸张

- 一定要与制版师和图像设计师沟通所选取纸张的特性（涂布还是胶版；纸张是特白、白还是乳白色），他们才能调试色彩并应用相应的ICC配置文件。通过制版测试检查是否能在类似纸张（涂布或胶版；同样的白点）上取得满意的效果

³ 印刷技术

"印刷"这个词在字典里是如何解释的呢？无论是坚硬还是柔软的载体(也包括人类的思想！)，印刷行为等同于在载体上留下痕迹，使某样事物显现出来。在要印刷的物体上使用加热或者不加热的方式，直接地或间接地施加压力。我们接下来会剖析各式各样的印刷技术。怎样选择正确的技术？大多时候，我们并没有选择，因为产品决定了技术。我们在此快速浏览一下印刷技术的几个主要分类。

轮转印刷（rotative）

纸张会以纸卷的形式进入机器，同时进行双面印刷，然后通过内置的加热炉烘干将油墨固定在纸张表面。内部的机械装置会将纸张折叠并以折页的形式裁剪，裁剪尺寸对应预先设置的印刷形状。这些折页最终被汇集在一起，随后被送入相应的装订加工线。对于装订，我们可以有两种选择：钉装和胶装。

一台历经岁月冲刷的胶版印刷机至今仍可运作。

轮转凹版印刷（rotative hélio）利用在巨大的金属滚筒上雕刻出的印版进行印刷，而轮转胶版印刷（rotative offset）是通过把印版固定在滚筒上进行印刷。但是两者拼版（imposition）的原理是一样的：印刷面域（la forme imprimée）取决于对滚筒或者印版的设计。它包含两个参数，首先是轮转幅宽（或称宽度），它可以根据印刷物的尺寸而改变。其次是裁切口，它是固定的，因为它与圆周长度相关。纸张就是

根据这两个参数（其中只有幅宽可变）进行印刷的。

轮 转 照 相 凹 版 印 刷（rotative héliogravure）

除非是要印刷《巴黎竞赛》（*Paris Match*，70万份）或者《七天电视》（*Télé 7 jours*，250万份）这些发行量巨大的杂志，否则你可能不会听到有人谈起凹版印刷，因而我们跳过这个部分不谈。这项技术在互联网时代之前也曾有过自己的辉煌，特别是在邮购商品目录领域应用广泛，但现今已被在线商品目录所替代。

滚筒制作、轮转运作以及机器本身都十分昂贵，只有进行大量印刷才能抵得过机器的折旧费用。你可以最多印刷5种颜色(4色+1种清漆)，印刷页数每册96页起，使用40 g至100 g的低定量或者特低定量的纸张。

轮转胶版印刷（rotative offset）

在轮转胶版印刷中，人们会使用十分结实的胶皮版装在滚筒上进行印刷，整体价格低廉，折旧费也较低。这种技术适用于印量为几万或者几十万份的印刷品，其中包括商业宣传手册、免费传单、普通杂志等。印刷要求每个书帖16页起，纸张定量范围为40 g至135 g。和凹版印刷一样，所谓的第五种颜色一般只是一层清漆，因为专色（ton direct）管理需要人工介入，这与追求机器高效运转的目标是有冲突的。

胶版印刷的滚筒也可以印刷单页纸张，速度会有所减慢，但可以进行更为复杂的折页装帧和使用厚度更高的纸张，这对于一些印量巨大的出版计划来说还是十分有意义的（例如学校教材或者连环画册等）。还有一些轮转胶印机只能进行单色或者双色印刷，使用定量30 g起的纸张（在欧洲，人们将其称为圣经纸），用于印刷字典、小说、论文集或者法典等。

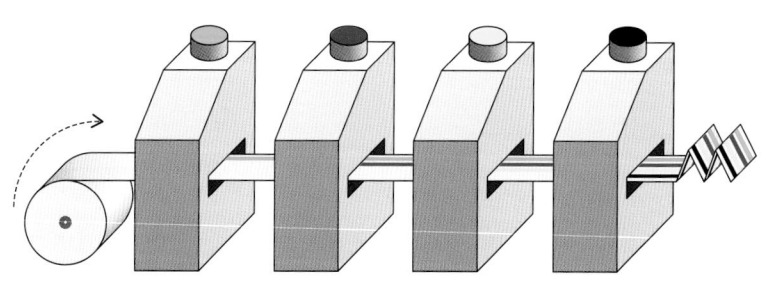

平张纸胶版印刷

胶版印刷在不断地变化，尤其是发展出了可以使用预先裁切好的纸张的印刷机器：平张纸胶印机。胶印的系统最为灵活。它能够适应不同印量的印刷工作，同时能保证较好甚至是优良的印刷质量，价格合理，能使用不同的印刷载体：不同档次与定量的纸张、布料等。

平张纸胶印机的运行成本比传统轮转印刷机更低，印刷时纸张叠放在机器后部的托盘上，进入机器后经过数个装配有印版的机组印刷，最后再叠放至机器前部的另一个托盘上。印刷完成后，托盘会被转移到折页机上，将纸张折成书帖，最后送去装订。

平张纸胶印机的印刷速度比轮转印刷机慢，但可以更为精准地校对颜色，因为很多时候纸张的正反面是分开印刷的。*

根据作品的尺寸与页数不同，平张纸胶印机可以：

1. 承接数百份至数万份印量的订单；

2. 印刷 1 种至 10 种颜色，如 CMYK 四种基本颜色 + 1 种清漆或者专色，或者 4 色 + 正反面清漆 / 专色；

3. 印刷各种定量的纸张和卡纸，范围 60 g 至 500 g，也可以印刷布料和混合材料；

4. 便于设计各式各样的拼版，可以将不同的书帖进行混合拼接装订，包括折页或者一些混用了不同纸张的更小的书帖。

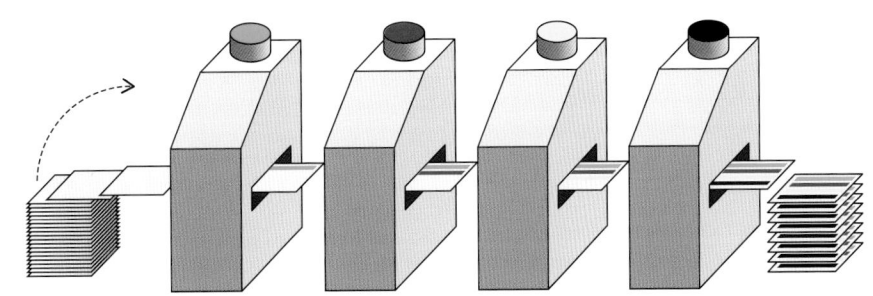

*平张纸胶印机一般只有 4 个到 5 个机组，但也有 8 个到 10 个机组的机器，后者可以先印纸张的一面，接着再印另外一面。

平张纸胶印机拥有大小不同的尺寸：

* 36 cm×52 cm 和 52 cm×72 cm 尺寸的机器用于印刷小型"商业产品"：名片、小尺寸宣传手册，印量较小的 4 页、8 页或 16 页宣传册，以及明信片、小广告、传单等。

* 70 cm×100 cm、72 cm×102 cm 或者 75 cm×106 cm 是最为常见的尺寸，覆盖了多种商业用途，例如印刷绘本、杂志、高档宣传册、公路地图以及礼品纸等，以上情况我们也可以使用 64 cm×88 cm 或者 70 cm×100 cm 的标准规格纸张印刷。

* 98 cm×130 cm 和 100 cm×140 cm 这类中等尺寸的机器经常用于印刷包装纸。

* 120 cm×160 cm 和 135 cm×185 cm，被称为"XXL"（加加大）尺寸，一般用来印刷报纸、教材、连环画、画册等。这一类机器与小型轮转印刷机的性能接近，印量在 15000 册到 20000 册的时候两者能力基本一致。对于大尺寸的机器来说，使用的纸张要与印刷面积相符（与轮转印刷不同，纸张的长度和宽度均为变量），印刷面积可以小于印刷面域，即小于印版（见第 123 页）。

黑色的印版包含了图片大部分的细节。印版表面的蓝色涂层和实际要印刷的颜色其实没有关系，四块印版的颜色都是一样的：它包含的是信息而不是颜料。

怎么把一个RGB文件转换成用CMYK印刷的内容？

要将电脑屏幕上 RGB 色彩模式的纯粹的数字内容转化为四色印刷所用的 CMYK 色彩模式图像，我们需要使用具体可见的模拟元素重新构建图像线条，也就是在印版上再现由多个墨点组成的线条。典型的胶印技术会将这些点通过一个双重转移系统转移至纸张上。这些由像素构成的网点会组成多条可印刷的线条，我们将其定义为加网线数，用 LPI（英文：line per inch，每英寸印刷线条数量）来衡量。纸张表面越平滑，能承受的加网线数越高（越精细）。对于像胶版纸这类纤维比较容易被油墨渗透的纸张，墨点在转移过程中受压力的作用较为明显，容易增大，因而需要使用较低的加网线数，使纸张能更好地"吃墨"。

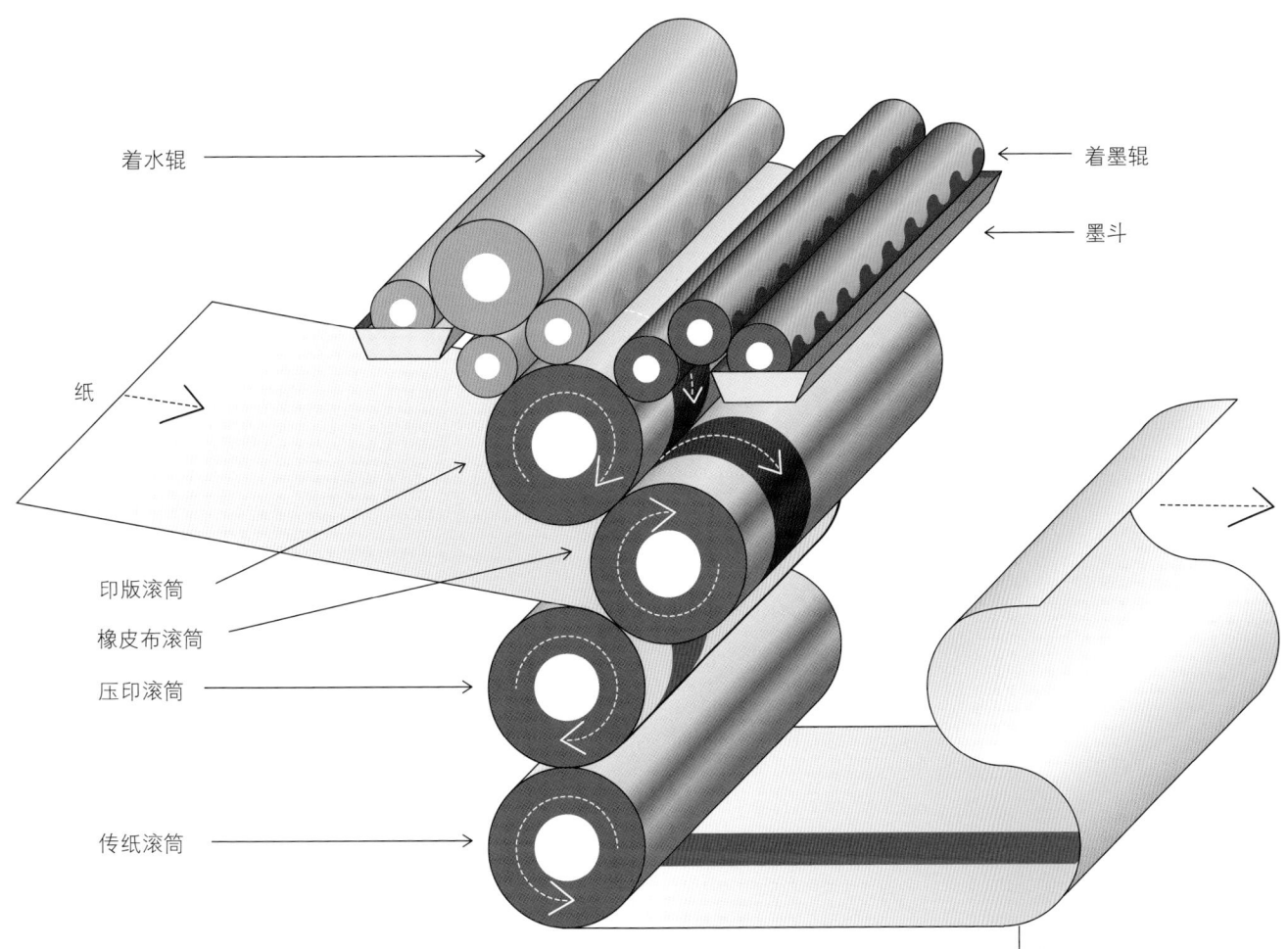

着水辊

着墨辊

墨斗

纸

印版滚筒

橡皮布滚筒

压印滚筒

传纸滚筒

这就是一个"机组"（groupe），是胶版印刷机的所有基础构件的集合体。如果要进行四色印刷，就需要四个这样的机组，机组数量一般来说与能够印刷的颜色数量相同。

胶版印刷的机械原理

胶版印刷（offset）一词来源于 set off 这个英语表达，意为分割、划开。它基于一个简单的物理化学原理：水油不相溶。着墨辊与着水辊将油墨和酒精加水的混合溶液送至第一个固定着印版的滚筒上。这个印版由一层吸油的聚合亲油层以及一层吸水的亲水层组成，后者能阻止油墨附着。制版时，我们在亲油层上烧灼出一个个对应印刷网点的小点。这些点可以被完美地分离出来并转移到橡皮布上，在必要的压力作用下由其转移到纸上。实质上是一种双重转移的过程。

一台胶版印刷机的
墨斗。这是一台八色印
刷机，我们可以看到两
排黄色、品红色、青色
和黑色的墨斗。

　　一般来说，非涂布纸使用的加网线数是 133，普通涂布纸加网线数为 150，但当对色彩质量和细节精度要求较高时，我们会用到 175、200 甚至 220。

　　网点的增大与消失：由于印前制版的精度在不断提升，网点增大与消失的现象如今已经得到较好的控制，甚至可以说在现代印刷中已经消失了。我们在此讨论这个现象是为了更好地说明油墨在不同类型的纸张上的表现。设想你在两片面包中涂抹果酱，然后用手去挤压，若果酱的量大于面包能够吸收的程度，那么面包边缘便会有果酱溢出。吸收果酱的能力会随你使用的面包种类产生变化，软面包、干面包或者内部孔眼较大的法式乡村面包吸收能力各有不同。你会根据选择的面包种类调整施加压力的大小，或者根据你的口味增减果酱的用量。我们要在纸张（面包）、橡皮布（手）以及油墨用量（果酱）三者之间寻找理想的平衡点。这就涉及四色油墨的网点覆盖率（le taux de superposition），其校准工作由制版师完成，以便印刷商能准确地进行印刷。

胶印的未来？

现在有一种被称作HUV的70 cm×100 cm尺寸的胶印机，但可能会在很短时间内被LED替代，上述两种机器内部安装有HUV/LED干燥灯，可以快速固定油墨。油墨从一张纸向另一张纸转移的过程中，如果没有能很好地被纸张表面吸收，就会留下污渍，这类机器可以避免在使用高密度油墨印刷时留下油墨污渍。（见第195页）纸张的表面由于能够牢牢地"抓住"油墨，呈现的颜色变得十分生动，色域范围也比传统机器要大。在胶版纸上印刷时甚至能够规避孔隙过多和烘干后颜色淡化的问题。

通过这个系统，我们可以减少油墨用量，避免使用会削弱印刷效果的保护清漆。我们也可以利用丝网印刷的清漆配合胶印网点的精度呈现非常精致的细节效果，甚至可以在拥有镜面或者银面特效的艺术纸上印刷。最后，我们可以利用白色油墨来加上一层打底白色（传统胶印是无法实现的），能在牛皮纸、有色纸或者透明塑料上形成一定的不透明度以便进行四色套印（见第174页）。

这套系统意义重大，它能达到无可比拟的精度、明度与亮度。轮转印刷的优点配合上丝网印刷的纸张表现，夫复何求！目前唯一的不足：某些品牌的机器还较难实现均匀的荧光或金属效果。

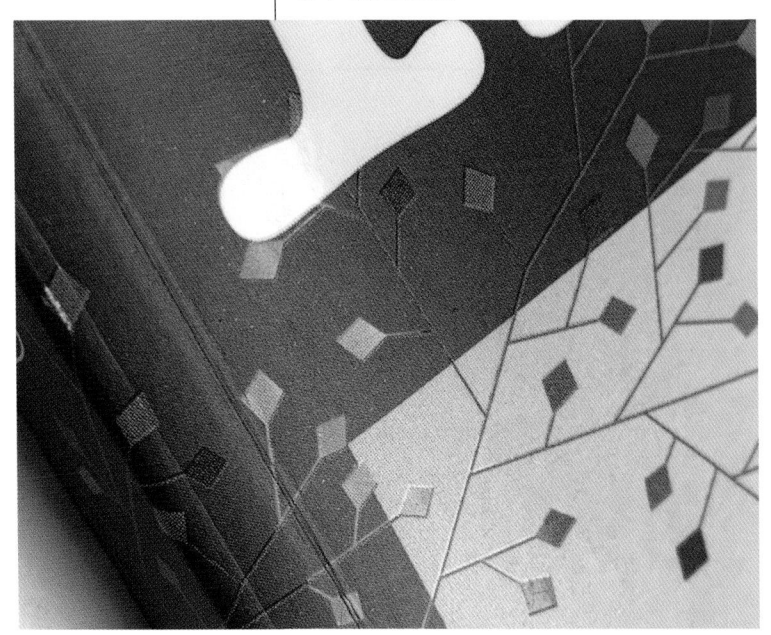

胶印选择性上光。

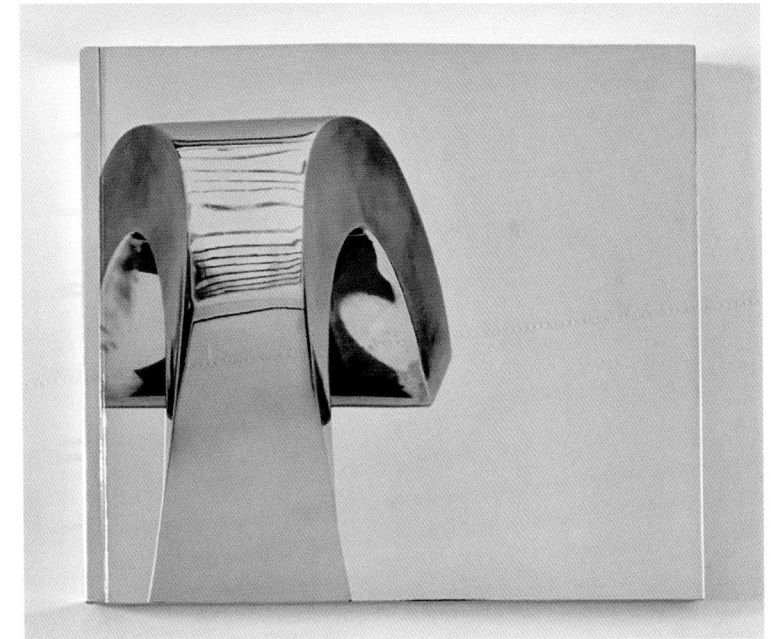

镜面特效纸的印刷效果。

制版工作室中用于数字
打样的绘图仪。

数字打印机。

数字印刷

如果用最简单的方式来解释，数字印刷的原理类似于改良后的复印技术。只需一个文件，图片瞬间得以重现，数字流信息不会中断，也没有印版，主要通过热转移、静电与喷墨的方式成像。

在"数字印刷"这个词条下包含的内容：

* 激光打印：将碳粉通过静电作用转移到纸张上成像的激光打印。

* 连续式喷墨打印（速度更快）与按需式喷墨打印（质量更高）或者混合式喷墨打印，可以根据优先度调整：喷墨打印机类型多样，有办公室里用来打印 A3 或者 A4 纸的配备 4 个墨盒的普通打印机，也有印前工作中使用的配备 6 个到 12 个墨盒的高档打印机，基本可以达到胶印的效果。这些机器经过专门校准与参数调整，能够可靠地，或者说以契合度较高的形式呈现胶印中的颜色效果。一些大规格的打印机经过调整后能够用于印刷防雨布、橱窗透明贴纸以及其他各种不同的载体：塑料、普通玻璃、有机玻璃、布料等。

数字"胶版印刷"★：可以印刷 1 种至 5 种颜色，能够连续装帧，能承担印量为数十本至数百本的印刷任务。

★数字"胶版印刷"这个表达并不准确，但是比较常用。数字打印机内部并没有胶版印刷中的压印与着水环节，它是通过碳粉或者喷墨的方式成像。

数字胶印的印刷质量几乎和普通胶印一致，当然后者仍然不可或缺。数字胶印机的印刷尺寸被限制在 53 cm × 75 cm，但它们可以印刷与普通胶印一样定量的纸张。

* 数字轮转印刷：可以印刷 1 种至 5 种颜色，印刷幅宽为 40 cm 到 70 cm，使用纸张定量为 70 g 至 140 g，包括胶版纸和铜版纸。这些机器当然也没有印版，但除此之外和一般的轮转印刷机运作方式是一样的，纸卷会经过折叠辊被折成书帖，紧接着进行装订。

当我写下这些文字且当你读到本书时，书里有一部分内容可能已经发生了变化。社会上的总体印量正在降低，数字印刷的生产速率也在加快，它在逐步地蚕食传统胶印市场。印前与印刷工作中需要几个人才能完成的工作现在只要一个人加一台电脑就能实现，实在令人震惊。

恼人的问题

为什么我不能在数字胶印或者数字轮印中使用专色印刷?

因为专色（Pantone）使用的是专属于胶版印刷的混合油墨，而数字印刷用的是碳粉或者以粉状颗粒制成的特殊墨水。所有专色信息都记录在一个文件中且最终要以四色信息重新诠释，之后再配合每种印刷系统的油墨 / 碳粉颜色一并印刷：四色、六色或更多。但近年来惠普开发出一种技术，能够使用某些特殊墨水在数字印刷中实现部分专色。

数字轮转印刷机。

数字印刷的优点是什么？

平张纸印刷机无需折叠与裁切就可以将正反面印刷好的纸张汇集成胶装书芯，它超越了传统胶印中书帖配帖的限制，使不同类型的纸张能够任意组合，而且不需要制版，因而几乎没有固定成本。在数字轮转印刷中，拼版和书帖的概念重新浮出水面，尽管没有实质上的印版，但折页过程本身并不是数字化而是完全机械化的。

数字印刷技术处于传统印刷与数码世界两者的夹层之中，它使人们能够印刷从前不曾有过的资料与作品（独立出版物、家庭出版物、论文与学校刊物、小型商品目录与宣传手册、节目单、菜单等），尤其是改变了印刷与书籍出版的经济生态，它使绝版书再版与小量印刷成为可能，有效避免了过多资金投入、库存管理以及偶然损毁的问题。

按需印刷（print on demand）本身并不算一项技术，它更多地归属于信息技术领域，它使人们能随时订购一本或数本书刊。我们不难想象，在不远的未来，印刷模具无需离开出版社，书店或者报刊店（法语 la maison de la presse，法国专门销售日报与杂志的商店）就能现场打印你想购买的小说、报纸或杂志，当然这对于纸张选择和后期加工会有很大的限制。

数字技术的介入使人们能够连接至数据库，从而生成文字与图片的多个不同印刷模板，用于印刷价目单、名录或者个性化出版物等，在直接营销领域也有重大意义。

无论如何，印刷产业注定会发生众多不可预见的改变。我们已经十分惊讶于一台兰达（LANDA）S10 纳米图像平张纸印刷机的能力。这是一台印刷尺寸为 75 cm×105 cm 的数字打印机，配备有 8 个机组：CMYK+橙/绿/紫+专色，它可以实现正反面四色印刷或者八色连续印刷，印刷速度达到了惊人的 6500 张至 13000 张/小时！这台采用了纳米技术的机器可以用足以媲美液体油墨的极细粉末印刷！到了这个地步，谈论网点已经没有多大意义……此外，Fizzer 这个手机应用展示了个性化数码印刷的另一个发展方向，它可以通过智能手机从你的所在地寄送一张明信片给任何你想寄的人。

数字印刷的缺点是什么?

数字印刷的装订选择尤其是连续装订受到了限制，给书籍加上封面勒口或者书帖锁线（最多4页）是十分罕见与昂贵的。从普通的复印机到最尖端的平张纸和轮转印刷机，我们都必须使用各个品牌为机器量身定制的原装墨水，这些墨水价格高昂，也成为这项技术发展的主要制约因素，而且不要忘记这些墨水本身具有不可回收的特性。

墨粉的使用也会产生环境管理问题，这与为了让墨粉固定在印刷载体上使用的溶剂（惠普）或者聚硅酮（柯达）有关。这些粉末可溶于水，尽管存在一些专门用来印刷比萨饼盒子和食物包装的所谓的"可食用"墨粉，但其对环境与生态的影响还不太明朗，胶版印刷领域也存在同样问题。

并不是所有的纸张都适用于数字印刷机器：有时必须将纸张过一遍透明清漆才能进行印刷。但很遗憾我没有找到与这种清漆成分有关的可靠资料……除纸张裁切外，过油这道额外的附加工序最终使数字印刷的纸张成本要比胶版印刷提高了15%到20%。

这也解释了为什么数字印刷的收益会随着印量的增加和固定成本的减少而降低。

关于数字印刷和胶版印刷的价格对比，请参考本书第130页。

丝印清漆在
不同底色的胶版
卡纸上的表现。

丝网印刷

　　法语中丝网印刷（sérigraphie）一词源于拉丁语 sericum（丝绸）和希腊语 graphein（书写）。日本人通过印刷和服图案大幅地推动了这项技术的发展。无论是布料、金属、玻璃、有机玻璃、木头还是绘图纸，丝网印刷技术都能在这些载体上保证稳定的图案复现以及鲜艳与饱和的颜色效果，是运用范围最广泛的印刷技术。简单来说，这是一种利用镂空网格印刷的技术，首先将底片图案转移到网版上，再将网版架在网框上，倒入油墨，通过网版把图案转移到承印物上，最后再进行烘干。

　　丝网印刷就像一个手艺高超的匠人，"他 / 她"必须预见一个颜色接着另一个颜色印刷并烘干后呈现的最终效果。

　　丝网印刷的优点就是不受承印物的大小限制，可以印刷面积很大的载体，也不一定要在完全平坦的物体上印刷（瓶子、盒子、布料等）。

　　丝印的另外一个优点是在带底色的承印物上印刷另一种颜色时不会产生色彩偏差。胶版印刷的油墨较为透明，且油墨颜色会与纸张的颜色相结合，但丝网印刷的油墨具有遮盖能力，会完整地附着在承印物表面。

使用专色印刷的铜
版卡纸。纸上首先涂抹
一层透明的 UV 清漆，
加上点状凸起效果，最
后使用黑色亮漆。

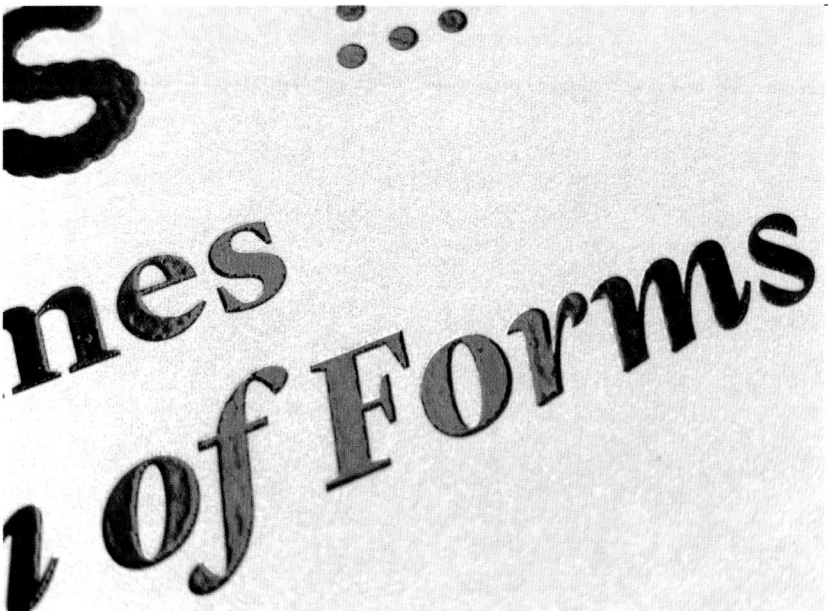

在胶版卡纸上使用
高厚度浮雕清漆。

然而要注意，在深色的布料或纸张上印刷时，如果使用的油墨颜色较浅，承印物的底色还是会显现出来。

为了解决这个问题，我们会施加一层打底白色（un blanc de soutien），在载体与印刷颜色之间创造不透明度。在书籍或者宣传册制作中，我们经常会借助丝印来装饰封面，我们会在《装订与装帧》这一节详细讲解（光点清漆、浮雕清漆、闪光效果、镜面效果、颗粒效果等）。

超过两种颜色的丝网印刷价格昂贵，四色丝网印刷除非印量足够大，否则会产生固定费用过高的问题。如果你需要印刷较多颜色，建议借助热转印技术，它不会给你设限，也可以在打底白色的基础上使用专色。这项技术让布料的个性化印刷变得更为容易。

上光的顺序：
首先是一层模仿布料效果的丝印清漆，然后再上亚光银色清漆，最后是红色亮漆。

其他印刷技术

击凸（l'embossage）

击凸是指在金属模具上雕刻图案，通过施加压力的方式在材料上留下压痕的技术。冲压时还可以加入一层箔或者彩色粉末（我们会在介绍装订的章节中再详细展开，见第 235 页至第 242 页）。

激光雕刻（la gravure laser）

激光雕刻不用添加任何化学物，就能在材质表面烧灼出深浅程度不同的超高精度文字、图像与 logo。

上图是一个用于四色印刷完成后在胶版卡纸上加烫银箔的烫版。

激光雕刻技术。

当然它只能呈现单色的效果，或者用完一种颜色才能再换一种。如果希望在一些物品上投放广告，激光雕刻的用处很大，比如圆珠笔、钥匙扣、手表、U 盘等，甚至可以在含绒的服饰上雕刻来实现推广目的。

移印（la tempographie）

移印的原理和盖章类似。移印的印版是一块凹版，将凹版上的油墨蘸到移印头表面再施加压力就可以将油墨转移到承印物上。我们在移印中只使用专色，最多六色。

这是一种经济便捷的技术，但仅限于印刷较小的物件。

移印可用于印刷饮料瓶盖、键盘按键、瓶子表面、家电组件等，基本上所有坚硬或半坚硬的物体都可以印刷，适合小批量或大批量印刷，印刷精度很高。

缺点是油墨在物体上保持的时间比较短暂，特别是在金属材质上，因为无法吸收油墨。

柔版印刷（la flexographie）

柔版印刷的原理也和盖章类似，但可以印刷大尺寸物件，印刷尺寸可以达到 1.3 m × 2 m。

柔版印刷可以在各种载体上使用液体油墨（胶印不能使用）进行四色印刷：

柔版印刷技术。

贴花印制技术。

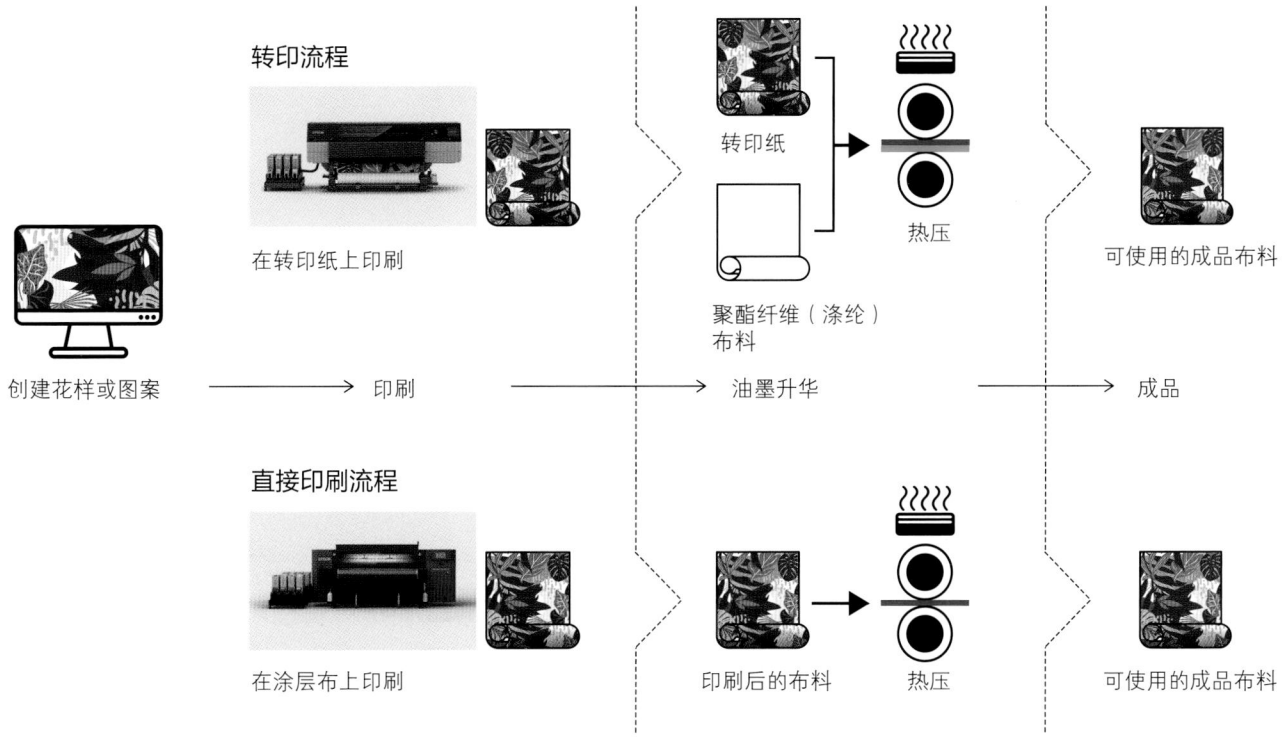

转印流程

在转印纸上印刷

转印纸

热压

聚酯纤维（涤纶）
布料

可使用的成品布料

创建花样或图案 —→ 印刷 —→ 油墨升华 —→ 成品

直接印刷流程

在涂层布上印刷

印刷后的布料　热压

可使用的成品布料

热升华印花技术。

水性油墨可以印刷瓦楞纸板，醇溶性油墨可以印刷聚乙烯塑料袋，而
UV 油墨的干燥速度很快。

贴花印制法（le transfert céramique）

我们先采用印花釉法（décalcomanie），然后经过烘烤使图案渗透
至载体材质中。

热升华印花（la sublimation）

这是一种数字技术，首先将图案印刷在转印纸上，然后通过热压的
方式将转印纸上的图案转移至包含至少 50% 聚酯纤维的载体上。使用
这种印刷方法印制的图案不容易擦除并能够防水。

检查清单
理解印刷技术

○ 快速决定使用哪种印刷技
术来制作印刷品

○ 向服务商咨询准备印刷文
件的最好方法

第四章

选 择

　　法国有这么一句俗语："要是你没法给奶奶解释清楚一件事情，说明你没有真正理解。"要想理解图像设计领域使用的某些表达，掌握那么一丁点儿术语是必不可少的。我们会介绍几个常用的关键词，以便大家准确理解其表达的含义。今后你在询价时可以灵活运用这些词汇，进而理解词汇背后相关的技术数据与策略选择。

　　在每个工作步骤中都要做到详尽准确，这是衡量自己对一件事物了解程度的最佳方法，之后才能快速地推进下一步。

　　此外，你提供给印刷商的产品描述越翔实，你就越能意识到那些表面上看起来无关紧要的细节对整个印刷计划的预算实际上起了决定性作用：尺寸减小5mm，装订时书芯删掉4页，都有可能为你节省大量金钱。同理，你会意识到印量或页数越多，胶版印刷相比数字印刷的优势就越大，后者只有在极少印量的情况下才占优势。

　　多向你的合作伙伴询问他们精通的专业领域问题，在问完所有该问的问题之前不要做任何决定。

尺 寸

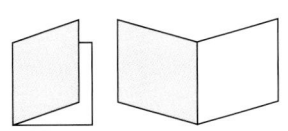

在印刷过程的多道工序中我们都会遇到"尺寸"这一概念。先从一个折页的尺寸开始说起，左图是一个拥有四个页面的折页。当折页打开时，它的展开尺寸（format ouvert）是 28 cm×14 cm，将其对折时，折叠尺寸（format fermé）是 14 cm×14 cm。

如果纸张不是正方形而是长方形，它会有两个方向：

* 纵向，也称为法兰西式，例如 21 cm×29.7 cm

* 横向，也称为意大利式，例如 29.7 cm×21 cm

英语国家的人使用的表达更为务实，他们将其称为肖像画式（portrait）或风景画式（landscape），这种说法更加形象。

法兰西式 = 肖像画式

意大利式 = 风景画式

分割成无限小份

你知道 A4 纸为什么拥有这样的尺寸吗？如果一个正方形的边长是 21 cm，那么它的对角线长则是 29.7 cm。1 平方米大约等于 84.1 cm×118.9 cm，这便是 A0 纸的尺寸，我们将其无限除以 2，均可得到比例相同的长方形。A0/2=A1，A1/2=A2，A2/2=A3，以此类推。这些长方形的长边（长）等于以短边（宽）为边长的正方形的对角线长度。

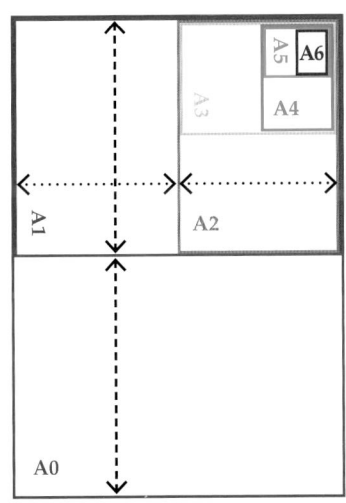

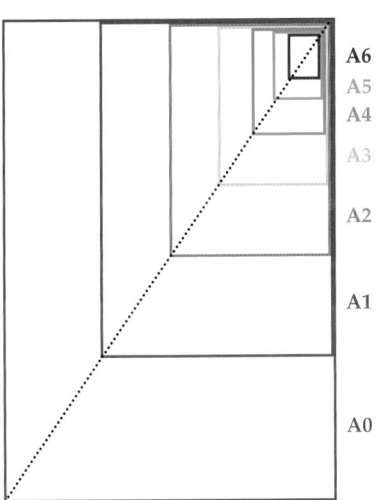

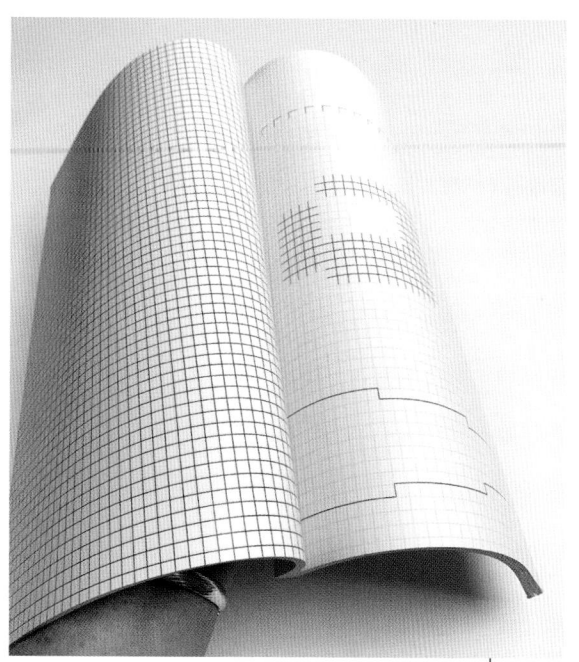

低定量铜版纸书芯（左图）与高厚度加反纤维
方向的亚光松厚纸书芯（右图）柔软度比较。

在美术领域，人们使用不同的惯例
来定义作品与画框的尺寸，我们永远把
长边放在前面：F 表示肖像画（Figure）
（18 cm×14 cm），是一幅接近正方形
的纵向画作；P 表示风景画（Paysage）
（18 cm×12 cm），是横向画作。M 表
示海景画（Marine），是一幅广角全景
画作（18 cm×10 cm）。如果博物馆或者
画廊要求制作一本尺寸为 28 cm×22 cm
的宣传册，那么很有可能指的是
22 cm×28 cm 的法兰西式（即纵向）。
这时请与相关联系人确认以避免误解。

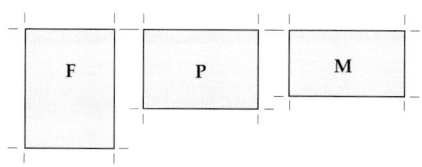

当谈论尺寸时，我们一般把纸张的宽边放在前面，因为这是一种惯例，它使不同领域的人能够相互理解，无需费尽口舌，也不用借助翻译。这个简单的细节能让印刷商知道你希望使用什么尺寸的纸张，不管他或她是中国人还是法国人。如果你标明 29.7 cm×21 cm，报价员会立即明白你想使用横向尺寸的纸张：底边 29.7 cm，高度 21 cm。如果你不放心，别怕啰唆，干脆附加尺寸的文字说明：报价员会更加安心，也可以避免误会。

正确地说明纸张尺寸有几个重要原因，尤其是方便印刷商计算印张的尺寸（或者纸卷幅宽）。我们知道纸张类似一块布匹，是纤维的集合体，纤维方向不同，柔韧度也不一样。印刷商必须按照尺寸要求订购纸张，印刷好的纸张被折好并订联成一个书芯（bloc），这时纸张的纤维方向应与书脊（dos）平行。（见第 120 页）如果你没解释清楚，有可能导致印刷商订购的纸张纤维方向正好相反，这会影响书本的翻阅舒适度并产生十分难看的卷翘切口（见第 67 页）。纸张越厚越硬，这些问题就越明显。

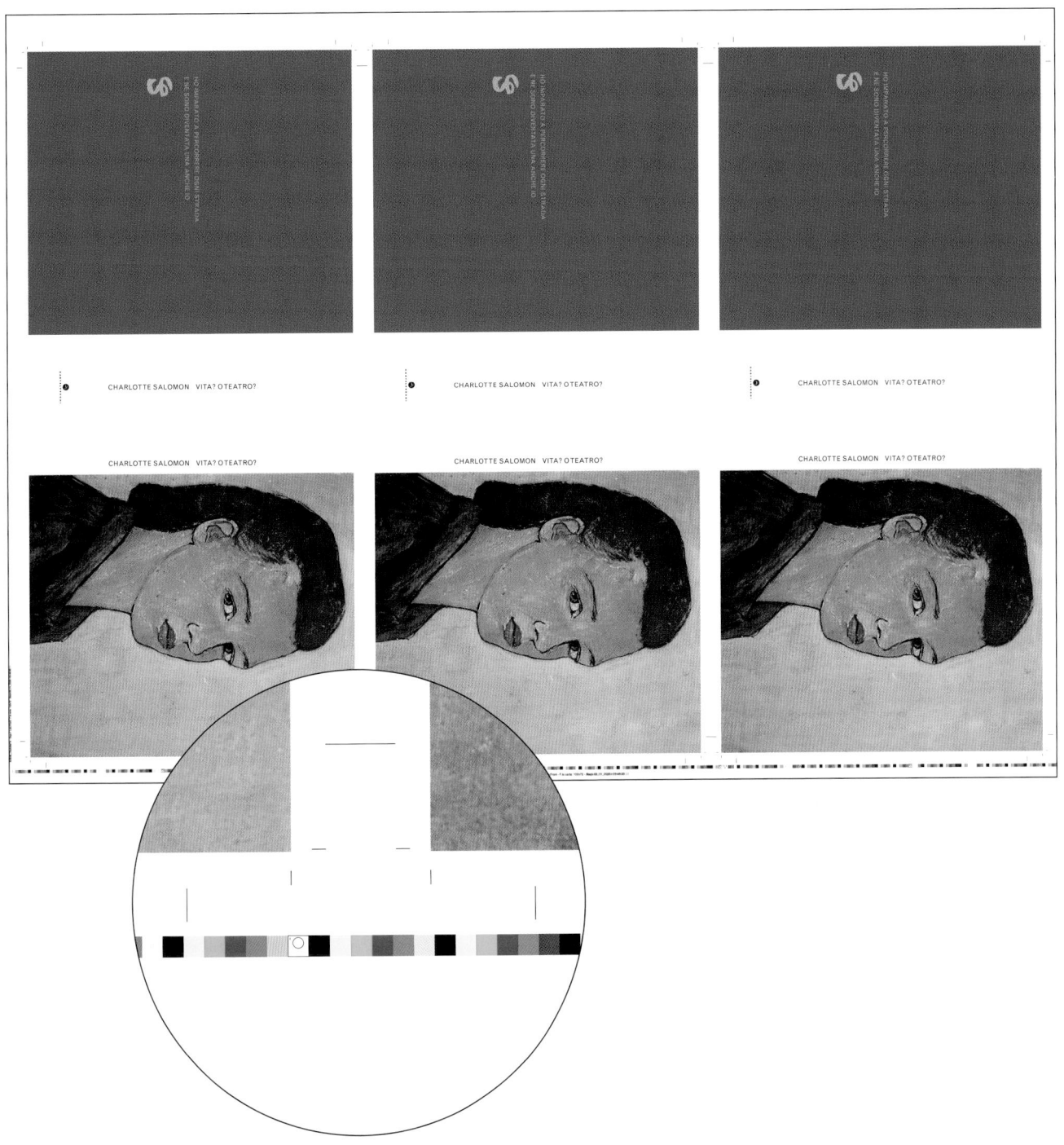

　　我们说的尺寸永远指的是裁切后的尺寸，也就是装订后的成品尺寸。
要印刷一张贺卡或者书籍封面，印刷商会在拼版时在印张上重复放置同
样的图片，方便之后能够正确装订，而且每个重复的图片之间要预留一
定的空隙。

法国《一号杂志》
（*Le 1*）：一张有三个
"十"字折痕的印张，拼
版设计原创性强，针对
21 cm×31.5 cm 裁切尺寸
进行了优化。

不能踩的坑

我们总是使用裁切后的尺寸还有第
二个理由：对于宣传册来说，书芯尺寸
和封面尺寸是一致的，两者是在胶装好
后同时进行切割（见第 205 页和第 212
页）。

相反地，精装书的封面尺寸要比书
芯尺寸大。

如果你参考了某一本书的样式，一
定要注意报给印刷商的尺寸是书芯尺寸，
而不是把书合上后含封面的尺寸。

这个 3 mm 到 5 mm 的薄边在装订时会被裁掉：我们将之称为出血位
（fond perdu）。它可以防止一定程度上的切割不精确性，避免纸张边
缘出现没有印刷内容的空白部分。

比如，一张 10 cm×15 cm 的明信片在印张上实际占的空间为
11 cm×15.5 cm，并重复放置多次。

我们现在就可以理解为什么在文件排版时总是要在图片周围预留
3 mm 至 5 mm 的空白。一张预计占满整个页面的图片应该向裁切空间
外作一定的延展，即留好出血位。

印刷机器的尺寸也决定了使用纸张的尺寸，我们会在之后的内容以
及装订章节中更详细地介绍。

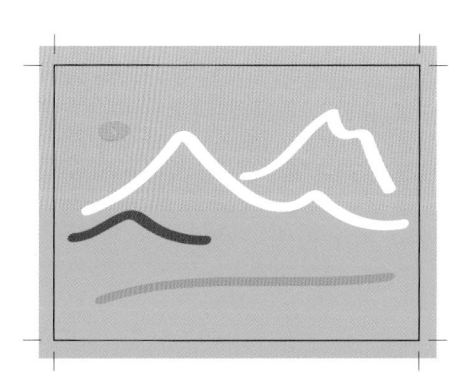

为什么尺寸只是大一点就会贵很多？

　　因为一切均取决于作品尺寸、纸张尺寸与机器印刷尺寸三者之间的算式。我们必须十分谨慎，微小的尺寸变化就可能颠覆整个预算方案。以一本 16 页的裁切尺寸为 22 cm×28 cm 的宣传册为例，机器印刷尺寸为 70 cm×100 cm，使用 70 cm×100 cm 的标准尺寸纸张。如果你想再加几个毫米，将最终尺寸增加到 22 cm×29.7 cm，并不会产生什么实际影响，因为拼版上的裁口与切线已经确定，印张可以被完全利用。但若你想把高度增加到 30.5 cm，多出来的这 8 毫米会迫使你进行重新拼版，只能在一张全张纸上印 12 个页面，这会产生以下两个缺点：为剩余的 4 个页面支付额外的制版费用和造成大量的纸张浪费。

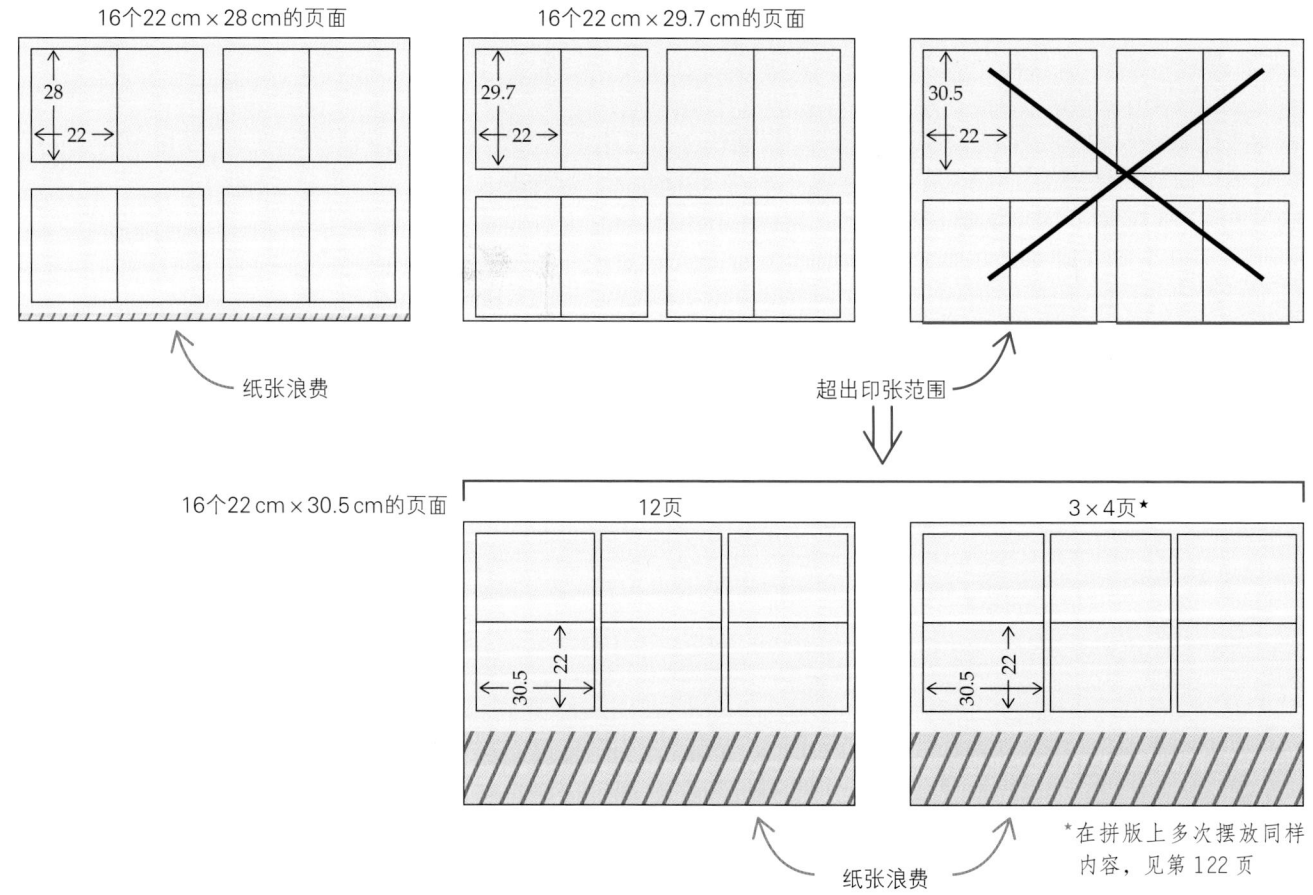

16个22 cm×28 cm的页面

28
22

纸张浪费

16个22 cm×29.7 cm的页面

29.7
22

30.5
22

超出印张范围

16个22 cm×30.5 cm的页面

12页

30.5 22

3×4页*

30.5 22

纸张浪费

*在拼版上多次摆放同样内容，见第 122 页

2

分　页

什么是页、印张、张、书帖?

当你在杂志上扯下一页纸时，你真的知道"页"是什么意思吗？

人们在日常生活中说的"一页纸"，在印刷业中指的是由两个面（faces）组成的一张纸，两个面分别被称作正面（recto）与反面（verso），对应书籍中的两页（page）。这两页合在一起被称作一张（feuillet），它是装订中的最小单位，比如我们会说一张传单或者一张海报。

请注意：在折页中一张也被称作一折（volet）。

印刷机中印版（forme ou plaque）的有效面积会以不同的形式印刷在一个印张（feuille）上：

（a）整个印张上仅有一个内容要素，例如一张海报的大小与印版的尺寸相同；

（b）多个同样要素的集合体，可以被分割为多份，比如4张小海报、16张明信片、48张名片等；

（c）一定数量的连续页面构成的书帖，印张可以被折叠一次、二次甚至多次。

✳ 诀窍

如果你要制作拥有6个页面的折页（三折页），请将内侧折页的外边减去2mm到3mm以便折页活动。如果是滚折，也就是前一折与后一折以滚轮状折叠在一起的折页，后面的折页需要额外减去2mm。但若是风琴折则不会产生这个问题，所有的折页都是一样的。

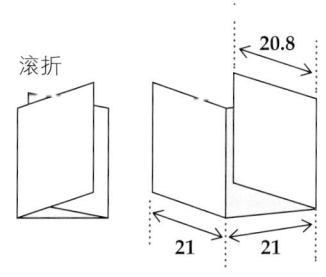

滚折

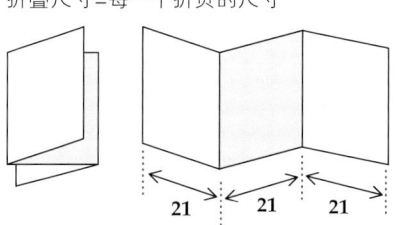

风琴折
折叠尺寸=每一个折页的尺寸

不能踩的坑

请注意,印张折叠成书帖的页数是有限制的:

定量为 150 g 的印张可以折叠成 24 页;

定量为 170 g 的印张可以折叠成 16 页;

定量为 200 g 的印张最多可以折成 8 页。

因此在咨询印刷商前不要做任何决定,谨慎为上(见第 206 页)。

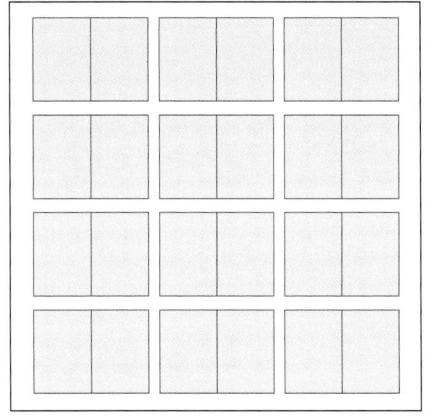

48个页面的印张(正反面)。

在数字印刷中,我们打印的是一连串单张纸,不受分页的限制影响,因为纸是一张接一张叠放的,之后也不会被连接在一起:因此我们以 2 为倍数来计算。

当我们需要制作一个由连续页面构成的印刷物时,我们会利用拼版的机制,意思是将多个页面摆放在一个印张上印刷,印刷后的印张会被折叠为一个或多个书帖(cahier)。汇集起来的书帖合成一本书的书芯(bloc),之后根据选定的装订方式用锁线缝合(线装)或者进行铣背打毛(胶装)。

理解如何分割印张是十分重要的,只有如此才能知道如何对分页进行优化,如何更替不同的纸张,如何插入活页,等等。请向印刷商询问他们的拼版方式以及一个印张上的页面数量与折成的书帖数量。一个印张可以被折叠为一个、二个或多个书帖。

怎样得到最合适的页数(分页 - 拼版)?

印张印刷好后会进入折叠机,机器会依照复杂的拼版图形以及根据印张的尺寸与纸张的厚度将印张折叠为一个至多个书帖,在此我们先不做详细解释。

当我们将印张或纸卷做成书帖时,"2"并不是一个很合适的倍数,它会导致昂贵与复杂的配帖操作,机械操作层面难以管理。

最少要以 4 个页面为倍数才有利于机械折叠与配帖。然而这个倍数并不是万能的,不能适用于所有情况(尤其是轮转印刷),因为一个书帖中的页数越多,你越能优化产品的成本。

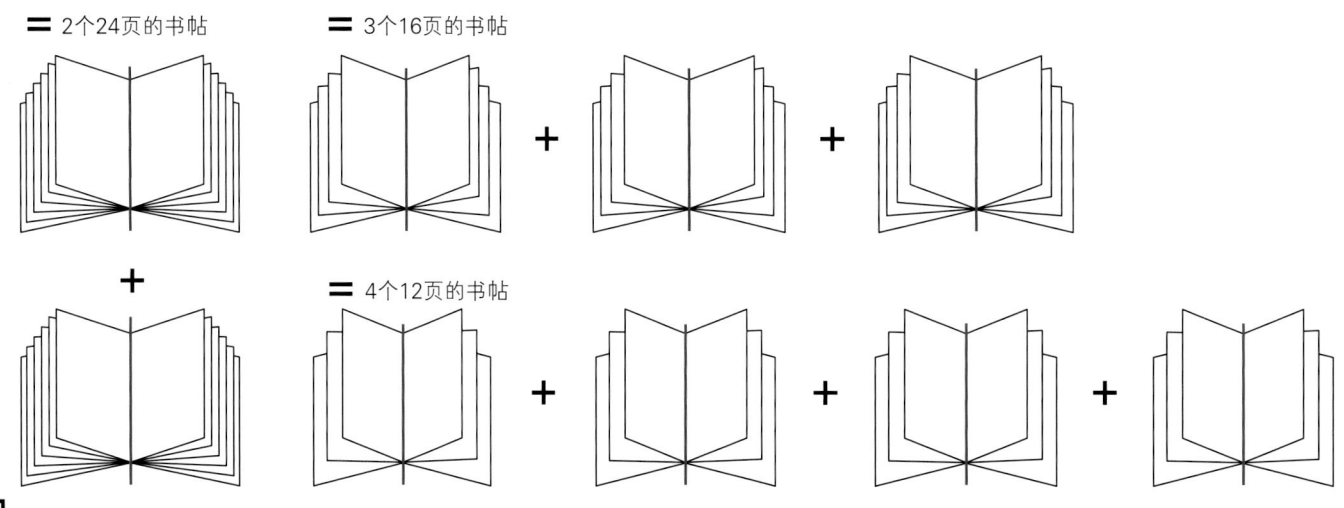

= 2个24页的书帖   = 3个16页的书帖

= 4个12页的书帖

印刷业中优化产品的诀窍在于找到以下参数之间的最佳公式：

* 分页

* 裁切后书芯的尺寸

也包括：

* 印刷份数

* 印刷机的印刷尺寸

* 纸张的类型与定量

别担心！你不需要像牢记九九乘法表那样记住所有这些参数的关系，更不是让你去解一道三次方程：所有这些与印刷和装帧相关的参数以及纸张的定量有时确实会将事情变得错综复杂，以至于无法任凭自己的一时兴致进行抉择。我们在此进行说明，只是为了鼓励大家去和印刷商沟通，从他/她的建议当中获取有用的信息，与其建立信任关系，一同共事。

折叠成一个 16 页书帖的完整印版：正面 8 页，背面 8 页。

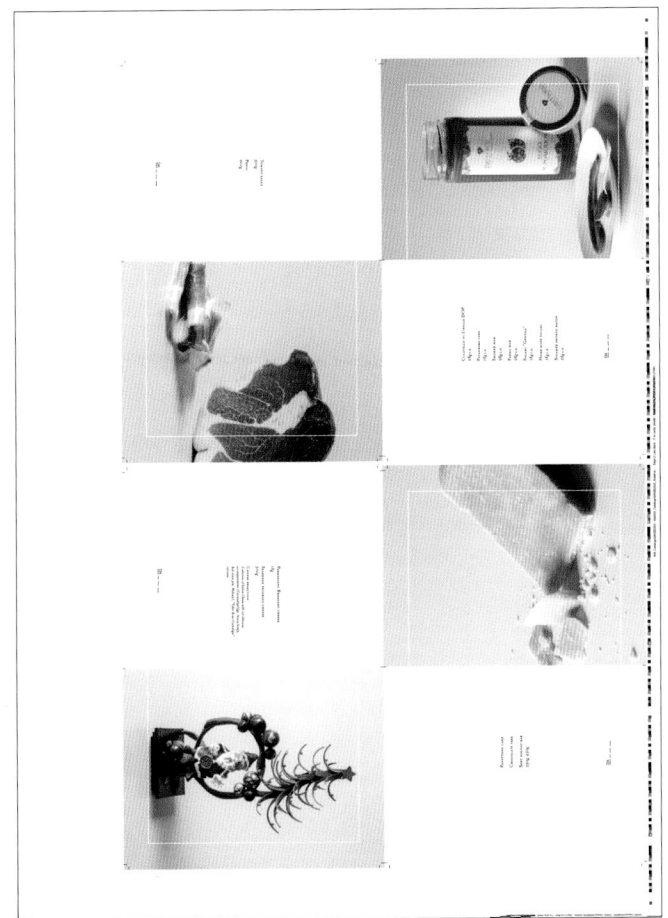

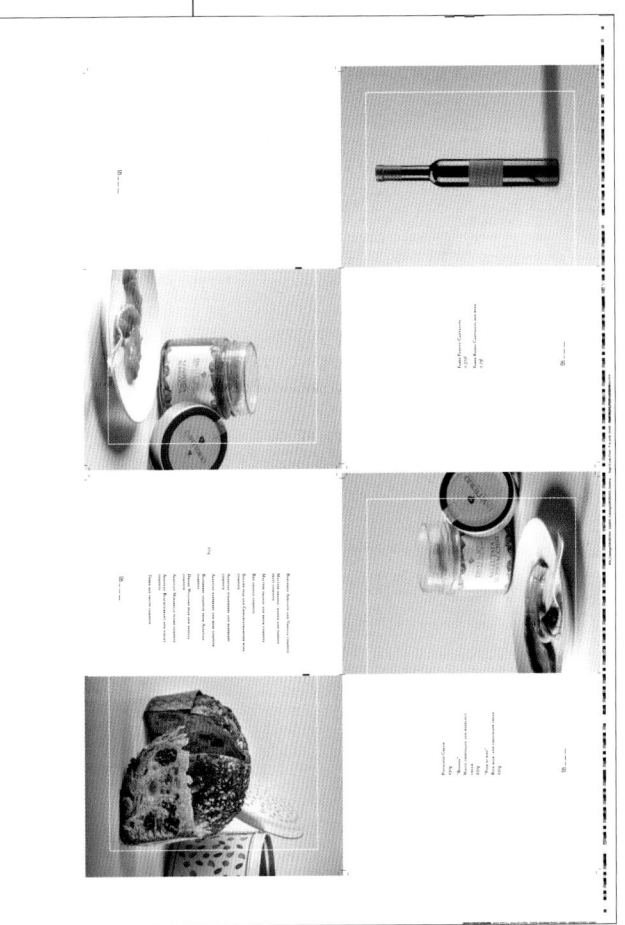

拼版图

印刷一本 20 页的小册子，16 页内页 + 4 页封面。

| 1 | 2 | 3 | 4 | 5 | 6 | 7 | 8 | 9 | 10 | 11 | 12 | 13 | 14 | 15 | 16 | 17 | 18 | 19 | 20 |

（a）内页：16 页，页面编号 3 到 18，总共 8 个正反面。

（b）封面：4 页，页面编号 1、2 和 19、20，将其乘以 4 摆放至一个全印张上。

通常，图像设计师会以上面的图案表示分页，但显然印刷商会将内页的内容和封面分开处理。最好养成准备两个文件的好习惯，一个文件用于封面（页面编号 1 到 4），另一个用于内页（页面编号 1 到 16），特别是当封面使用不同纸张的时候。对于有勒口的平装书或者精装书，由于封面尺寸与书芯尺寸不同，这时无论如何都要将封面文件和内页文件分开。

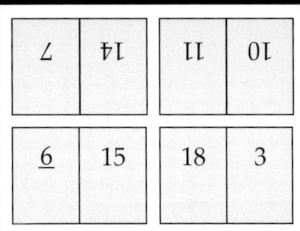

1号印版，正面8页×2000份

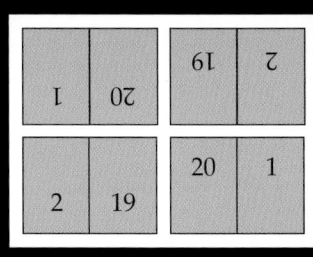

3号印版，正面

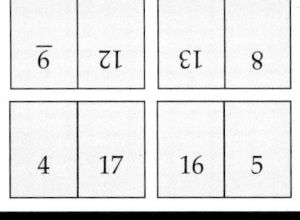

2号印版，反面8页×2000份

纸张背面上的页面要翻转180°

背面

16页正反面×2000份

4×4页×500份=2000份封面

1	2	3	4
1	2	3	4
5	6	7	8
9	10	11	12
13	14	15	16

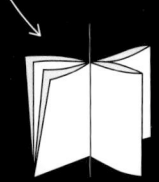 + 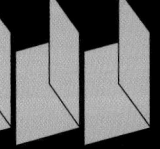 ⟹  =

当使用轮转印刷机或平张纸印刷机时，要注意以下两个基本限制：

* 在每一个印张上摆放的页数；

* 用于装订的每个书帖的页数。

平张纸胶印技术可以很好地帮助我们理解拼版的机制。

对于印刷尺寸较大的机器来说（120 cm×160 cm 及以上），纸张必须根据作品的尺寸"量身订购"，这种做法比较经济实惠，因为不会造成纸张浪费，但印刷期限根据纸张类型的不同或多或少会被拉长。

若要印刷小尺寸的产品，纸张便比较容易获得，64 cm×88 cm 或 70 cm×100 cm 尺寸的纸张一般随时有货，但价格比较高。此外，纸张可能有浪费现象，因为标准纸不一定适合你的特殊需求。

不能踩的坑

纸张用量要足够大才能让造纸商替你生产量身定制的纸张。根据纸张类型不同，至少要2吨、3吨或者5吨的用量才能让造纸商或者他的经销商愿意供纸。

此外，若想最优化大尺寸印刷，印刷商需要2周至6周的时间去订购专用纸张。

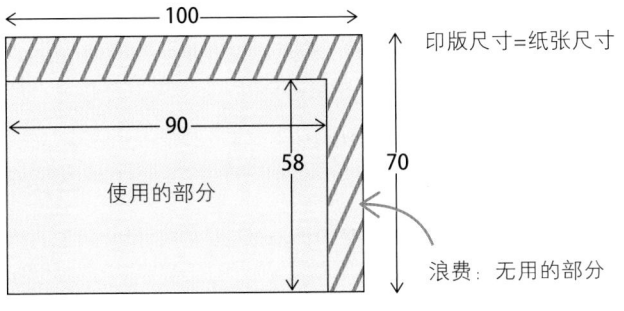

印版尺寸=纸张尺寸

使用的部分

浪费：无用的部分

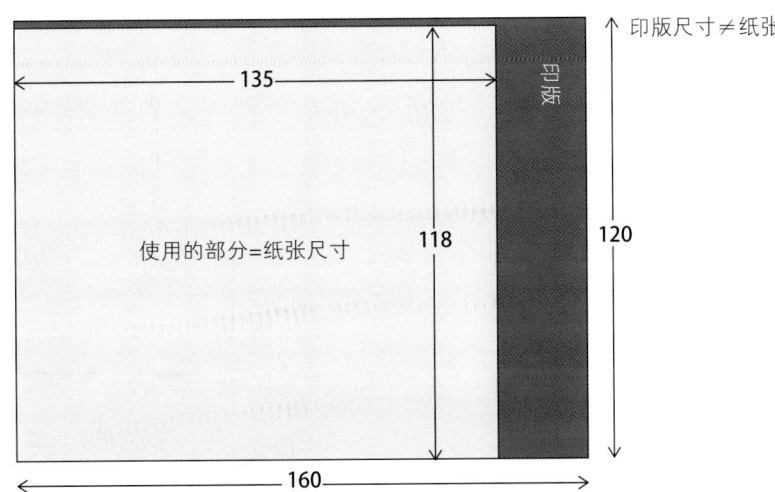

印版尺寸≠纸张尺寸

使用的部分=纸张尺寸

印版

以一本尺寸为22 cm×28 cm的48页宣传册为例：

（a）在印刷尺寸为70 cm×100 cm 的机器上使用 70 cm×100 cm 的标准纸张印刷，需要3个16页的印张（6块印版）。

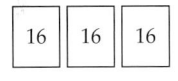

（b）在印刷尺寸为120 cm×160 cm 的机器上使用 135 cm×118 cm 的专门定制纸张印刷，只需要1个48页的印张（2块印版）。

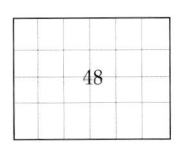

尺寸选择是由印量决定的。如果纸张用量达到了最小的订购吨数，便可以使用优化尺寸的纸张印刷，这时只需1个印张（2块印版），否则只能使用标准纸张，此时需要3个印张（6块印版）。

123

96 页宣传册的例子，裁切后的折叠尺寸为 22 cm×28 cm。

第一种假设：

中小印量，印刷 500 册至 2000/3000 册

（1）70 cm×100 cm 的机器

标准纸张

每个印张 16 页

6 个印张 – 12 次机器校准

6 个 16 页的书帖

（2）100 cm×140 cm 的机器

标准纸张

每个印张 32 页

3 个印张 – 6 次机器校准

6 个 16 页的书帖

第二种假设：

印量较大，印刷 5000 册至 20000 册

（3）120 cm×160 cm 的机器

定制尺寸纸张

每个印张 48 页

2 个印张 – 4 次机器校准

4 个 24 页的书帖

（如果纸张定量小于等于 150 g）

或者

6 个 16 页的书帖

（当纸张定量超过 150 g 时）

从上述例子当中我们可以立刻知道在印量允许的条件下使用大尺寸印刷的好处。我们可以减少印版的数量和装校版的次数（从而减少了固定费用），也减少了因为使用标准纸张而造成的浪费，只花该花的钱。

机器尺寸 70 cm × 100 cm

1号印版	2号印版
1号书帖正面（16页）	1号书帖反面（16页）

印张1

3号印版	4号印版
2号书帖正面（16页）	2号书帖反面（16页）

印张2

5号印版	6号印版
3号书帖正面（16页）	3号书帖反面（16页）

印张3

7号印版	8号印版
4号书帖正面（16页）	4号书帖反面（16页）

印张4

9号印版	10号印版
5号书帖正面（16页）	5号书帖反面（16页）

印张5

11号印版	12号印版
6号书帖正面（16页）	6号书帖反面（16页）

印张6

机器尺寸 100 cm × 140 cm

1号印版	2号印版
1号书帖正面（16页）	1号书帖反面（16页）
2号书帖正面（16页）	2号书帖反面（16页）

印张1

3号印版	4号印版
3号书帖正面（16页）	3号书帖反面（16页）
4号书帖正面（16页）	4号书帖反面（16页）

印张2

5号印版	6号印版
5号书帖正面（16页）	5号书帖反面（16页）
6号书帖正面（16页）	6号书帖反面（16页）

印张3

机器尺寸 120 cm × 160 cm（纸张定量≤150 g）

1号印版	2号印版
1号书帖正面（24页）	1号书帖反面（24页）
2号书帖正面（24页）	2号书帖反面（24页）

印张1

3号印版	4号印版
3号书帖正面（24页）	3号书帖反面（24页）
4号书帖正面（24页）	4号书帖反面（24页）

印张2

机器尺寸 120 cm × 160 cm（纸张定量 > 150 g）

1号印版			2号印版		
1号书帖正面（16页）	2号书帖正面（16页）	3号书帖正面（16页）	3号书帖反面（16页）	2号书帖反面（16页）	1号书帖反面（16页）

印张1

3号印版			4号印版		
4号书帖正面（16页）	5号书帖正面（16页）	6号书帖正面（16页）	6号书帖反面（16页）	5号书帖反面（16页）	4号书帖反面（16页）

印张2

页数太多或页数不足?

在数字印刷中,只要以 2 为倍数就可以获得任意数量的分页,但胶版印刷中需要更大的倍数。

例如:

再以 96 页的宣传册为例,印量为 2000 份,机器印刷尺寸为 100 cm×140 cm,因而需要 3 个 32 页的印张并制成 6 个 16 页的书帖。

(A)你发现多算了页数,现在有 4 个空白页,如此会造成浪费,因为第三个印张中仍然会包含那 4 个不打印的页面,最终会被裁切并扔掉。

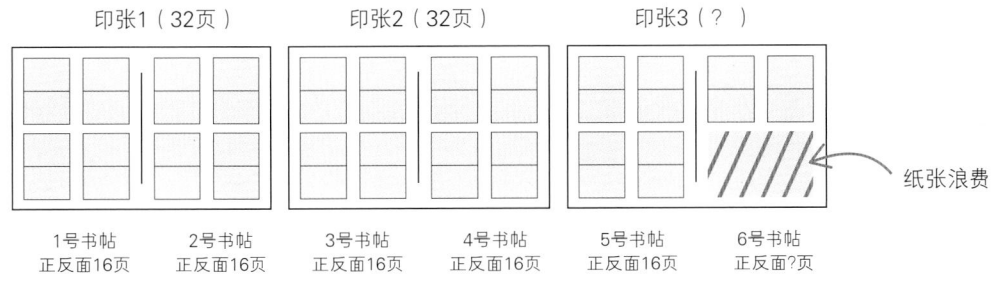

印张1(32页)	印张2(32页)	印张3(?)
1号书帖 正反面16页　2号书帖 正反面16页	3号书帖 正反面16页　4号书帖 正反面16页	5号书帖 正反面16页　6号书帖 正反面?页

纸张浪费

(B)你发现少算了页数,现在需要增加 4 个页面,由于原来的分页是按照 96 页进行优化的,现在必须制作一个新的印版且会增加装校版次数,而且新的印张会被分割为 4 个 4 页的书帖。然而这么做真的划得来吗?印刷商可能会建议你再增加一个 32 页的印版,然后分为 4 个 8 页的书帖并将印量减少为 500 份,或者更好的做法是做 2 个 16 页的书帖,印刷 1000 份。

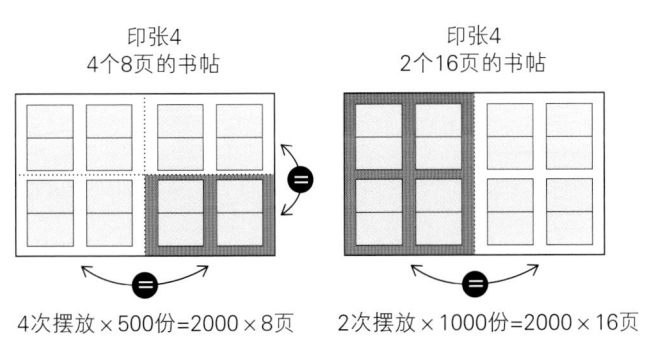

印张4
4 个 8 页的书帖

印张4
2 个 16 页的书帖

4次摆放×500份=2000×8页　　2次摆放×1000份=2000×16页

优化模板：不同印刷尺寸机器的书芯最大尺寸与每个印张的页面数量

法兰西式书芯（纵向）

机器规格	印张页面数量									
	128	96	80	72	64	48	40	32	16	8
120×160	14.2×19	19×19	15.5×28.5	19×25.6	19.5×28.5	26×28.5	29×31	29×38	–	–
100×140	11.7×16.5	15.8×16.5	17×18.6	15.8×22.3	17×23.5	22.8×23.5	24×27	24×34	35×49	–
70×100	–	–	–	–	–	16×16	16.5×19	16.5×24	24.5×33	34×49

意大利式书芯（横向）

机器规格	印张页面数量									
	128	96	80	72	64	48	40	32	16	8
120×160	19.5×13.7	19×19	29×15	26×18.6	29×19	29×25.6	29×29	38.5×28.5	–	–
100×140	17×11.2	17×15.3	24×13	22.8×15.3	24×16.5	24×22.3	–	34.5×23	48×34.5	–
70×100	–	–	–	–	16.5×12	16×16	–	24.5×16	33.5×24	48×34.5

在上方表格中，你可以找到根据机器尺寸与分页数量优化过的裁切尺寸参考模板。

3

印刷量

价格会因两个参数变动：

1. 装校版（calage）产生的固定成本，这个成本是无法压缩的，无论印量多少都会被印刷商算到折旧当中，它包含以下项目：

* 印前工作（转化文件，创建规矩线，校正规矩线）；

* 装版所需的时间，校准印刷密度、压力并进行定位；

* 用于测试的纸张损耗（过版纸），用于执行墨色校准或装订测试；

* 各类折旧与费用（机器、场地、人员等）。

让机器运作就会产生费用，这些费用会被分摊到印刷数量中，印量越高，费用就越低。

这些费用会由于印刷类型不同而改变：数字印刷几乎没有机器运作费用，胶版印刷和轮转印刷的机器运作费较高，其中轮转照相凹版印刷机器运作费用十分高昂。

2. 可变成本：仅包括与印量相关的消耗，墨水、纸张以及机器运作时间等。

印刷份数越多，总成本就会越高，但单品成本会越低。当你需要确定杂志、书籍或商品目录等产品的销售单价时，这个数额将有助于你建立损益账目。

既定印量的报价单可以以单价或总价的形式表现。

通常，报价单上会提供另一个金额：续印价格（根据习惯不同，可以有续印 100 份或者续印 1000 份的价格），这是在原始印量的基础上进行额外加印的价格，这个价格不包含机器运行必要的固定成本。

印刷的成本计算

我们拿到的报价单上写着：

印刷 2000 份，单价：4.20 €不含税

续印价格：3.60 €不含税

理论上为了计算超出基础印量的印刷成本，只需要加上必要的续印份数即可：

2000 份 ×4.20 € =8400 €

100 份续印 ×3.60 € =360 €

2100 份 =8760 €

印刷单价为 4.17 €

在此提供一种通过推导固定成本和可变成本以计算价格的好办法：

4.20 €（固定成本 + 可变成本）−3.60 €（可变成本）=0.60 €

2000 份 ×0.60 € =1200 €，这是固定成本总额

为了计算某一个印量的价格，用固定成本除以印量，再加上可变成本

（A）在基础印量上续印 100 份

固定成本总额1200 €/2100 份 =0.57 €,（固定成本）+3.60 €（可变成本）=4.17 €

新的印刷单价：4.17 €

2100 份的印刷总价：8757 €

（B）在基础印量上减少 100 份

固定成本总额1200 €/1900 份 =0.63 €（固定成本）+3.60 €（可变成本）=4.23 €

新的印刷单价：4.23 €

1900 份的印刷总价：8037 €

无论有多么微小的印量变化，我们都可以采用上述计算方法，但此方法仅限于理论层面，因为在实际操作中，事情更为复杂，会有其他的参数介入，最终影响计算结果。例如运输成本也会被计入印刷成本中，运输成本取决于使用的纸箱数量，纸箱数量又决定使用的托盘数量，此外还要考虑一辆卡车能装载的托盘数量……有时只是多一个纸箱就意味着卡车上多一个托盘，因而运输成本会发生改变。

当你向印刷商订购名片、邀请函、传单或者宣传册时，绝大多数情况下你都会收到与订单数量一致的产品，但你不知道的是印刷商可能印刷了比订单数量更多的份数（并将其扔掉了！），以免你向他们抱怨印量不足。你确实有要求印刷商重印不足份数的权利，但他们可就要倒霉了。为了重印寥寥几份，他们必须重新调校所有机器设备。

有没有必要接受（且支付）比订单更多或更少的印刷数量？

上文中计算续印 100 份或 1000 份单价的例子说明了一个道理：结算时的印刷份数有时会超过你订购的份数。

印刷是一条不能停歇的工作链，它不像公交车线路那样有明确的和可预见的停靠站点。为了启动整个印刷活动，我们先要使用几张纸检查印刷机的运行情况，然后又浪费几张纸去调试折叠机，甚至还要用折叠

选择数字印刷还是胶版印刷？

假设你现在负责的出版计划还有许多不确定因素，但你很想知道采用哪一种印刷技术能更省钱。

你可以先向数字印刷商索要一份报价单，然后再向胶版印刷商索要另一份报价单，你会发现胶版印刷有它的优点（能够线装），但也有它的缺点（最低印量较高，拼版存在限制）。

我们在此列出所有涉及经济层面的因素：

若你的预算有限，你也不愿承担风险，建议选择小印量数字印刷，你不会面临资金周转不灵的情况，假设书籍获得成功可以立刻进行重印，数字印刷完美契合你的需求。虽然这么做可变成本要高得多，但对于初始投入较少的出版计划来说具有更强可行性，不会导致无用的资金投入。

相反，如果你的资金周转能力较强，也有场地存放印刷好的作品，建议增大印量以保障今后长期销售带来的稳定收益。减去固定成本后，胶版印刷的可变成本要比数字印刷少得多，长期来看你获得的利润会更高。因此请注意两种技术的盈亏临界点！

	数字印刷	胶版印刷
印量	300份	500份
折叠尺寸	16.5 cm × 24 cm	相同
	160页 4/4	160页：5×32页，即10个16页的书帖
纸张	哑粉纸150 g	相同
封面	正面四色	相同
纸张	单面铜版卡纸300 g	
装订	胶装	
包装	单一薄膜	
运输	法国里昂市某地	

300份	160页	2730€			
	300份	711€			
500份	711×2+2730	4152€	500份	160页	3670€
				500份	183€

好的书帖与书芯去调试装订设备，一直测试到最终包装环节。比如一台轮转胶版印刷机平均每小时可以印刷 50000 份，我们很难在达到某个特定印量时将其停下。

印刷链上每台机器的启动与调校都要使用与消耗一定数量的纸张才能真正开始生产印张、书帖和书芯，别无他法。

总之，印刷商应该有预判与控制印刷误差的能力。在印刷业有这么一条规矩，交货数量与订货数量之间允许存在一定误差，即交货数量有一定的放数标准。一般来说，放数数值通常是订单数量的 2% 至 5% 之间，根据具体情况变动。

怎么选择印刷系统？

印刷系统的选择受到多个技术因素影响：印量、分页、装订、纸张定量等。有时很自然就能得出解决方案，但有些时候它取决于预算与产品质量。别担心，我们试着将其简化：

* 如果你需要印几十份宣传册或者几百份折页，除了数字印刷别无选择，印刷尺寸会有限制（A3+）。例如大型海报就无法印刷。

* 如果你需要印 100 份 1000 页的号码簿或名录，显然你需要选择轮转数字印刷并使用低定量纸张。

* 如果你对产品有一定质量要求，要在一定厚度的优质纸张上印刷，那么可以在平张纸数字印刷或平张纸胶印之间做选择，印刷量是判断两种印刷方式盈亏临界点的决定性因素（见第 130 页）。

* 一旦决定了使用平张纸胶版印刷，需要思考的是应该在小尺寸机器上使用标准纸张印刷，还是在印量、分页与时间允许的条件下在大尺寸机器上使用定制纸张印刷。后一种选择可以在装校版（更少的印版）和装订（更少的书帖）这两个环节上为你节省大量金钱。

* 如果你有成千上万份几十页的印刷品要打印，而且要用 90 g 至 150 g 的纸张，则应该选用平张纸胶印或者轮转胶印。

检查清单
选择

- 确定哪种印刷类型适合自己的文档
- 如果选择胶印，请向印刷商索要拼版图（检查每块印版的页数以及书帖的页数）
- 询问订购纸张所需的期限
- 寻找最佳分页，咨询印刷商如何优化产品
- 详细描述产品参数，撰写报价单，列出替代版本（分页或装订），标明在原始版本上有可能增加的额外选项
- 根据报价单确定损益账目，在下单前进行必要的调整或更改

什么时候应该索要新的报价单？

强烈建议在任何参数有变化时都索要一份新的报价单，尤其是在印量改变时，可以观察印量只改变几百份与印量发生巨大改变这两种情况下价格是否会产生较大差异。

如果你还没拿定主意，建议从一开始就做几个不同印量的报价单，原因请看第 128 页。

因拼版原因，本书版式需同法文版保持一致，此页为空白页，特此说明。

第五章

协　调

最坏的情况总是来得很突然，沉着冷静地思考与最大限度地降低意外造成的损失才是最佳应对方法。就像法国哲学家保罗·利科（Paul Ricoeur）一样，优秀的制作人都具备一种"悲剧乐观主义精神"（l'optimisme tragique）：由于你非常自律并且从一开始就竭尽全力地避免任何不幸的事故，当遇到可能发生的异常情况时，你已经做好了相应准备，这时你会为自己感到自豪。

我们在此不厌其烦地强调重要的注意事项：要具有前瞻性，说明应该简洁明了，记得定期重申指令，遵守交付日期，遵守与不同参与者的协议。若想让印刷品制作计划取得成功，这便是你所需要做的。以下是主要的几个步骤。

首先是了解制版阶段中与色彩管理相关的问题；其次是充分理解印前工作，也就是说如何正确地准备印刷用的文件；最后是跟进项目其他参与者的行动。一方面你自己要做好准备，另一方面需要密切关注他人以确保项目成功。

制　版

　　如今，几乎每个人都认为自己可以取代制版师，有些人也确实做到了。每个人都有能力使用排版和色彩管理的工具与软件。诚然，科技的进步使得印刷商能直接使用前期正确管理的文件直接印刷，无需进行印刷测试。

　　但一切都是"度"的问题：要求高低程度、产品质量高低程度、精确度、技术复杂度、合同重要程度等。你要知道如何做决定，要考虑你能够承担哪些责任以及明白你的技术水平允许你独立完成哪些工作。专业的摄影师对RGB领域了如指掌并知道如何在这个色彩空间中处理图像；具有扎实艺术与技术背景的图像设计师知道如何使用Illustrator来构建美丽而复杂的图像；足智多谋的项目主管、编辑或概念设计师能够熟练使用各种计算机软件并利用各种印刷载体进行多媒体通信。根据项目实施过程中所处的位置和出版物追求的目标，你需要检阅第25—27页中提到的质量、价格、期限、距离、服务的标准。你或许对自己信心满满，或许只信任你的图像设计师，或许正相反，你对自己缺乏信心，只好把工作都委托给一位色彩管理专家。专业的印前人员既不是创意提出者，也不是计算机工程师，他/她是伟大传统手工艺的继承者，是连接过去和现在不同职业间的桥梁，他/她拥有过硬的技术知识、丰富的经验和独特的专业敏感性，能理解项目的关键所在并针对性地解决你的具体问题。

　　好的制版师会提供令你满意的测试结果，虽然最终的印刷效果可能会与之相差甚远，你也许会感到大失所望，但这并非制版师的问题。相反地，如果制版师的水平不行，我们永远也不可能取得良好的印刷效果。制版在预算中可能是最不起眼的一个项目，但如果将其省去，那将是极大的遗憾，因为它是出版项目成功的基石。无论如何，如果它能保障项目安全进行并提升产品质量，请勿吝惜此项支出。

图像采集的"变幻无常"。

图像再现的变化。

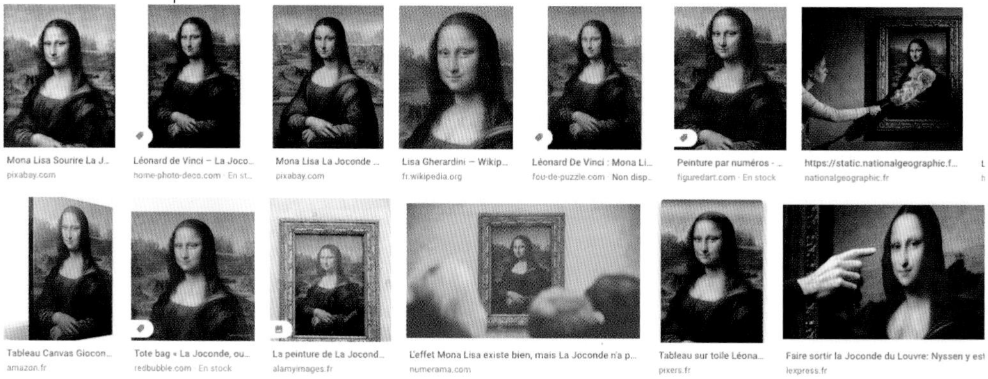

Mona Lisa Sourire La J... / pixabay.com
Léonard de Vinci – La Joco... / home-photo-deco.com · En st...
Mona Lisa La Joconde ... / pixabay.com
Lisa Gherardini – Wikip... / fr.wikipedia.org
Léonard De Vinci : Mona Li... / fou-de-puzzle.com　Non disp...
Peinture par numéros - ... / figuredart.com · En stock
https://static.nationalgeographic.f... / nationalgeographic.fr

Tableau Canvas Giocon... / amazon.fr
Tote bag « La Joconde, ou... / redbubble.com · En stock
La peinture de La Jocond... / alamyimages.fr
L'effet Mona Lisa existe bien, mais La Joconde n'a p... / numerama.com
Tableau sur toile Léona... / pixers.fr
Faire sortir la Joconde du Louvre: Nyssen y est... / lexpress.fr

何谓色彩管理？

不管使用何种机器、油墨和纸张，若想尽可能忠实地再现图像和色调，那么无论是你自己、设计师还是制版师，迟早都必须解决色彩管理问题。

正确的色彩管理必须考虑输入设备（扫描仪、相机）、输出设备（屏幕、打印机、印刷机）以及印刷载体三者的固有特性。工作时我们会使用颜色配置文件，这意味着在不同设备以及不同色彩空间之间切换时采用一个"转换协议"，该协议允许所有的参与者（图像设计师、制版师和印刷人员）使用恒定参数工作，以保持从捕获的初始文件到打印输出文件的最大一致性。

在图像采集（acquisition）时我们就会遇到色彩管理问题，到了图像再现（restitution）阶段该问题就更加显而易见。

举个小例子：请打开搜索引擎，输入"蒙娜丽莎／图片"，当看到搜索结果时，问题出现了，哪一幅图才最忠实于原作？又如何将其重现？此处有两个关键问题：

1. 保真性。如果要重现一幅水彩画或者一张照片，我们可以保持忠实，因为原图作为一个比较基准就摆在我们面前，便于我们检查重现图像的真实性。但在当今数字图像盛行的背景下，人们拍摄图片的条件十分随意，只有让决策者来定义其真实性并准确地沟通重现原文件时应遵循的标准。因此，保真性是一个主观的标准。

2. 稳定性。无论你是要忠实地重现原文件还是出于美学或商业因素想对图片进行个人诠释，你的选择应该具有稳定性，不能随意更改，如此才能使你对一幅既定图像的观点、个人诠释以及主观真实在印刷环节中得到严格的遵守。稳定性是一个普遍的标准。

制版师首先要保障的是同一个视觉要素在不同情形下都能得到准确的重现。

他需要调整显示屏，校准外部设备，使其工作环境保持恒定和连贯，并符合国际标准，这么做是为了在类似的设备上能轻易地找到相同的颜色。这与麦当劳制作巨无霸的原则类似，无论是在柏林、北京还是墨西哥制造的巨无霸，我们都希望它们保持产品的稳定性，具有相同的口味。

制版师会对图像文件进行基础调校，设置必要的参数，使其能被印刷商尽可能地忠实重现。这样一来，无论在何地（如果你更换印刷商）

何时（如果你之后用同样的文件与同样的纸张重印），图像重现都能保持真实还原。

无论输入载体（不透明或透明的模拟图像或数字图像）和输出载体（涂布纸或非涂布纸、防水油布、织物、有机玻璃等）是什么，你都需要确保打印结果是你想要的。制版师能敏锐地捕捉到你的需求，他／她拥有的专业知识能将你对事物的个人感知以及你提供的文档转化为安全可靠且可复制的技术数据。他／她会将所有这些因素考虑在内并对你提出一些问题，以确保工作能正确进行，也就是说将你的表达转化为标准化的参数。

制版师既不是灵媒也不是魔术师，而是一位以提供专业建议为己任的专家。他／她无法猜测客户的需求，开门见山地向其表明你的需求，这才是一开始最应该做的事情，他／她扮演的角色就是要理解你的需求并为你指点迷津。通过一次次直截了当有效的沟通，你所有的困惑都会一扫而光；简单与明确的沟通是伟大制作人的成功秘诀！

"真相"不止一个

我们可以要求操作人员对一幅图片进行"美图"操作，也可以要求他／她严格遵照作品或产品的原图。以上两者他／她都可以做到，但千万别指望他／她能了解你所有的愿望和需求。他或她每周可能都会处理好几次蒙娜丽莎（La Joconde）的文件。周一为卢浮宫工作，他／她会被要求尽可能忠实地还原这幅名画；周三要做一个化妆品广告，大家希望掩饰一下油画中的裂缝来突出蒙娜丽莎皮肤的底色；周五，有一个手头紧张的民间协会找到他／她，他们从网上随便弄了一幅中等分辨率的蒙娜丽莎图片，即便效果比较粗糙他们也能接受，因为图片只是用于支撑某个观点。

如何与制版师共事？

部分图像设计师具备完成制版任务的能力。但如果对其能力存疑，可以将工作交付给技术操作员（opérateur），他们熟知排版软件的所有操作技巧。本质上，技术操作员也是一位图像设计师，但相对于创意人员拥有的艺术创作能力，他具备的更多是技术实操方面的能力。

制版师的具体工作是什么？

当制版师全权负责一份材料时，其会执行数字图像的 RGB 至 CMYK 转换，校准四种颜色的网点覆盖率，应用恰当的 ICC 颜色配置文件，以便之后在既定载体上进行印刷。如果有需要，制版师也可以执行调色与修图操作。他 / 她会为你进行契约测试（épreuves contractuelles）以检查颜色的准确度与印刷适应性。他 / 她会检查排版中各要素是否正确整合，会准备印刷商打印使用的 PDF 文件，同时确保档案的备份与存储。

当你把资料交给制版师时需要做的事：

* 编制一份包含报价单和进度计划表的订单；明确作品的总页数、要处理的文档数量以及相关细节（要转换的数字文件、需要扫描的不透明或透明文档）。不过请注意，要为扫描这一步多预留一点时间，因为这是一项比较耗时的操作，并且在制版工作室中不是每个人都有能力完成。

* 标明你要打印的纸张（亚光或光面铜版纸、白色或有色胶版纸）。

* 为要扫描的文档提供说明。清晰地命名每个电子文档并且其间切勿更改文件名，否则将无法正确更新文件。

* 完成以上工作后，不管从内容还是格式上，都有必要在 InDesign 中"汇集信息"，以保证你没有遗漏任何细节：图像、字体、裁切线、出血、透明度等。

* 给出明确指示，说明你希望处理图像的方式。

在接收以上材料与信息后，制版师将会：

* 核对收到的文件和文档数量是否与订单描述的一致；

* 核对分辨率和要求的印刷尺寸；

* 将图像保存在服务器上（最好双重安全备份）；

* 确认文件接收，并且针对指令中不清楚的问题进行提问；

* 确认第一次测试与校对的时间。

此后，制版师会开始具体的图像工作：

* 对于模拟图像，先通过扫描仪采集；

* 对于数字文档，将其转换为 CMYK 模式，如果有必要的话进行重采样；

* 对于整体，针对印刷载体应用相应的颜色配置文件，校准四种颜色的网点覆盖率（见第 98 页），修饰轮廓，清洁画面，调色并在必要时修整图片；

* 进行校对测试，提交文件，如有必要进行修改（最好在制版工作室中以 5500K 的标准化灯光进行操作）。

不能踩的坑

越到最后关头，任务越是紧急，越不能放松。印刷品制作过程中最大的错误往往是由最后时刻的疏忽和松懈造成的，因此从头到尾无论如何都要保持全神贯注！

即便昨天晚上做的 PDF 文件很完美，也不代表它在你更改了一个小小的逗号后与原来一样完美。当所有的注意力都在检查是否有错漏问题时，你自己（或图像设计师或技术操作员）很有可能没能留意到修改后的标题字体没有正确调用！因此请严格遵守工作流程，只要更改了文件中的任何一处地方，都要重走一遍流程。

在检查最后的测试结果后，制版师将会：

* 更新文件；

* 进行检查；

* 逐页生成经过认证的 PDF 文件，并附上技术说明；

* 用 PDF 文件进行激光打印测试；

* 对所有的初始文件和 PDF 文件进行存档。

生成 PDF 文件看起来似乎是一件简单的事情。然而，最终的 PDF 文件具备自身的技术特性，能使印刷商将文件"分解"用以制作印版，而你自己不一定有这个能力。

最好避免自己的即兴发挥，请将此任务委托给专业人士：制版师。为印刷商提供 PDF 文件可以保障你的整体框架不会被随意更改，这也是预防自己粗心大意的一种方法。因此，在提交之前仔细检查 PDF 文件，对最后一刻进行的改动要加倍留意，因为这些改动通常是临时起意而且是通过电话进行的，而正是此刻危险与意外在悄悄地向你接近。

什么是 PDF 文档?

PDF 是 Portable Document Format 的简称，意为"可携带文档格式"。正如其名，它是一种可以移植和保留页面包含的所有信息的文档格式：这些信息包括图像及其颜色配置文件、文本及其字体、矢量元素和排版本身。

这种文档格式能够让人们在查看或打印页面时，无需更改任何元素，也不受软件和外在设备的影响。

有时在转换为PDF文档的过程中会发生一些奇怪的事情（字体无法自动识别和替换，无法管理捕获信息，图像反转等），这些异常不是由PDF文档格式造成的，而是上游命令执行不当的结果。

即便是对原文件稍做改动，也必须重走一遍流程，生成新的 PDF 文档，因为文档一旦生成就已板上钉钉。

恼人的问题

我在超市买的扫描仪可以用于专业工作吗?

这是个很宽泛的问题。制版师们拥有专业的设备,其配备的强光灯可以达到很高的扫描精度。当然也会有优质的大众设备,但能否用于专业工作取决于你对机器的熟悉程度、要扫描的文档类型以及想要的最终结果。

制版师使用什么工具工作?

1. 扫描仪(以前主要是旋转式,现在通常是平面式)。

2. 设备齐全的强大工作台。

3. 软件:

* Illustrator 或 Affinity Designer,用于处理矢量图。

* Photoshop 或 Affinity Photo,用于处理其他图像。

请注意:不要在 Photoshop 中修改矢量图像。

* InDesign(或新出的 Xpress),用于排版,即所有元素的整合:文本、logo、图像等。

* 用于打样的喷墨打印机,用于打印文字与测试的激光打印机。

具体怎么操作?

* 制版师通过扫描仪将柔软或者坚硬材质上的透明连续色调(柯达埃克塔克罗姆胶卷)或不透明连续色调(晒印彩色或黑白照片、图画、绘画等)进行数字化。必要时,还需要对打印文档(网点图)扫描出来的扫描文档进行去网点处理。

* 在 Illustrator 中检查矢量图像(非网点图),比如用计算机程序创建的绘图、logo、条形码等。他 / 她要确保矢量图像的打印适应性,然后将其合并到排版中,但通常不会进行更改:有时,由于矢量图的曲线和图层太多,如果不冒着改变原始结构的风险,很难深入到这些矢量结构中,这种复杂的干预通常要交还给图像设计者本人实现。

* 转换、修正、修改、修饰所有数字图像,该图像由像素构成,其初始分辨率在拍摄时或者扫描采集时就已经确定。

* 将所有上述元素整合到排版中。

具体工作方法

文件排版时,一方面必须考虑文件的文本、标题和字体等元素,另一方面要考虑图像。后者最终肯定是要呈现在预留给它们的框架当中。那么,图像设计师和制版师之间的工作如何衔接呢?

具体有两种方法：

1. "分散"（en vrac）的方法：这是一种将图像处理和版面设计分开的方法。比如你希望在调色工作启动的同时精修版面，你自己也拥有高性能的计算机，能够轻松地处理在特定情况下使用的高清图片。那么你可以将要处理的图像发给调色师并附上关于图片尺寸的明确指示，调色师会为你提供一套调色方案，然后有可能提供第二套（或者第三套）修改后的方案。

当你确认所有调色结果后，获取调色后的高清图像，将其导入文件当中，自己生成 PDF 文档。

正确给文件命名，一劳永逸

文件名相当于你写在信封上的地址，有了这个地址，邮递员才能把它派给收件人。要是信封上只有收件人的肖像，邮递员的派送工作将繁琐而低效，他不得不在每一层楼挨家挨户地敲门才能认出信件的收件人。

因此，这个"地址"很重要，它必须与收件人的邮箱（图像框架）相对应。该名称在整个操作过程中必须严格保持不变，否则在更新图像时无法在版面中找到它的位置。

命名方法可以很简单，例如"标题"_001、_002、_003 等，也可以像艺术作品和商品目录那样使用更复杂的编码系统。当你要用一张图像替换另一张时，必须为其重新命名，尽管新图像取代了旧图像的位置，但并非取代了它的"身份"。

2. "拼装"（pages montées）的方法：这是一种将图像与版面设计合并处理的方法。你可能更倾向于在排版文件里附上图片的框架与尺寸。大多数情况下，你要先将高清图像或者要数字化的模拟图像发给制版师，他 / 她很快会将排版用的低清版本图像返还给你，这些文件体积更小，更便于操作。

这么做可以使你在完成版面设计的同时留出给制版师调色的时间。一旦文件完成排版，就可以将其发给制版师，他／她会用储存在服务器上的高清图像替换排版文件中的低清图像，然后再生成 PDF 文档。

在此阶段，你仍然可以修改文本，或者对图像的框架和尺寸进行微调。

调色工作

有一天，在亚洲一家大型印前公司的扫描室里，我看到一张海报。海报上印了 12 张同一个漂亮的金发碧眼婴儿的照片，但每张照片里婴儿皮肤的颜色存在细微差异。这对操作技术员来说形成了一种引导，不同的国家的人们拥有不同的文化和审美视角，因此可以根据不同的受众对同一主题进行精确校准：面向德国市场的是一个皮肤光滑、苍白的婴儿；面向日本人时，婴儿的肤色略带橄榄色；面向法国人时，婴儿的皮肤比较暗一点，对比度更高；等等。项目负责人应搞清楚如何去适应人们的眼光与期望以获取商业利益。

相反的例子遵循相同的逻辑。想象一下，在线化妆品销售网站的屏幕上的粉底色卡和商品目录上的不一样，橱窗中广告促销板上印的粉底色卡和实体店的差异也很大。就打印而言，一种粉底的色调和另一种色调之间的差异有时很小。为了欣赏和还原这些非常相似颜色的细微差别，必须能够确保对图像文件进行连贯处理，以精确和稳定的方式再现这些图像。无论最终目标是什么，对过程的灵活掌握可以使制版师预测到精确的印刷结果，这就是制版师的工作内容。

我们可以通过色调曲线对图像执行很多操作，例如修改图片的原始颜色。

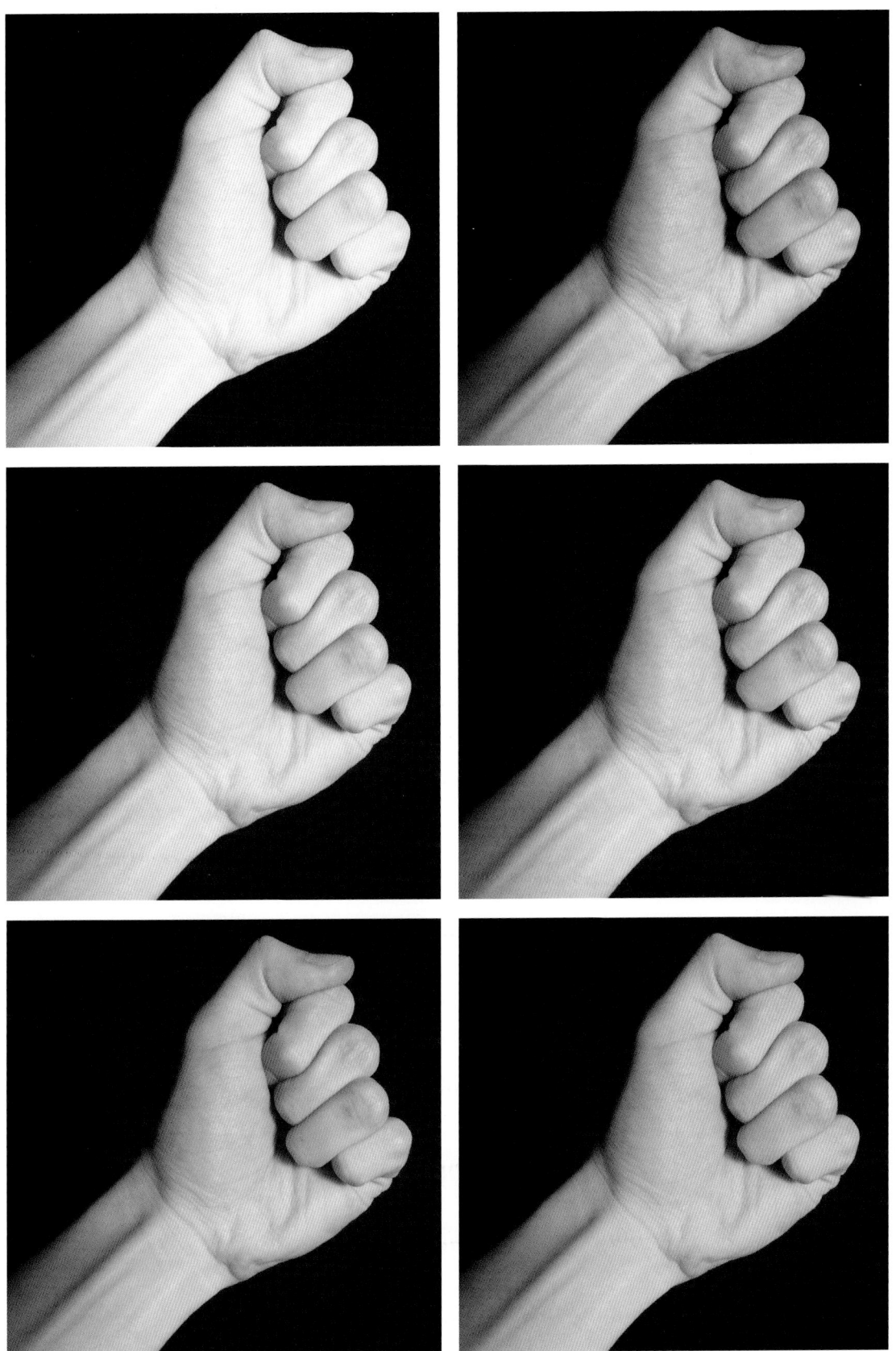

用一幅与原摄影作品色域近似的采集图片对图像进行重新诠释。

一名优秀的制版师应当将对原文件的保真度放在首位。然而，他或她收到的图片本身存在很多限制。应该怎么做呢？对于透明或不透明的模拟图像，他／她都会先将其数字化，无论之后是要遵照原图还是重新诠释，他／她的面前会随时摆着原图作为参考。如果原图有破损或者图片质量较差，又或者只是因为你想用自己的方式诠释图片，你可以选择对图片进行更改（最好在图片数字化之前提供此类信息）。从前人们一般都是处理相片的胶卷底片并发展出一套专属的色域范围。该色域范围用以验证底片颜色的准确性，当底片颜色存在失真或拥有某些特征时，它也可以用来校正颜色。

通过拍摄生成的数字文件，文件本身就是参考对象，我们只能在屏幕上观看它。制版师需要使用校准到日光（5500K）的显示屏进行工作，这么做是为了确保不管在世界上哪个地方，都能在同一条件下查看、修改、校准和打印图像。

制版师必须配备适当的设备与器材，并且都必须经过统一校准，如此才能摆脱数字领域存在的模糊性和随机性，遵守标准的正确应用，保证工作流程能够连贯进行。因此，我们很容易理解为什么图像设计工作链中的首条规则是要在标准化的白光条件下工作，这与印刷机器在使用前要进行校准是一个道理。

从左到右：RAW 文件、
RGB 文件、转换成 CMYK
后的文件和进行调色处
理后的最终版本文件。

使用哪种类型的图像文件工作？

　　RAW 文件是指包含了所有拍摄信息的高清数字文件（相当于原始底片）。一张包含了几百万像素的 48 位（bits）图片（每个 RGB 通道 16 位）的信息密度几乎可以与传统胶片的连续色调相媲美。这类文件会在 Lightroom 或其他的软件中进行处理，以优化图片的表现并修复图像拍摄时存在的缺陷。有时是摄影师自己或专业工作室执行这个操作。

　　16 位 TIFF 格式的 RGB 文件适用于普通图像。如果以胶印方式打印，请尽可能避免提供 JPEG 格式的图片，因为 JPEG 格式的压缩会导致信息丢失，尤其是当文件反复被覆盖保存时。但是，若要对图片进行非常

复杂的处理，例如广告中创意修图，建议向服务商提供 RAW 文件，以便他们能够充分利用图片文件。

在这个阶段，调色师——色彩管理领域的专家，可以通过多种方式进行工作。对于由一系列同质图片［单个摄影师的照片、单个插图画家的绘图、本戴点(Benday)构成的组合色或标准化后的多张异质图片等］，工作中不会遇到特别的困难，操作技术员会将 RGB 文件转换为 CMYK 文件，并进行调整。根据打印纸应用适当的 ICC 配置文件、校对网点覆盖率（参见第 98 页）色彩校准，进行图片清理与微修图，必要时进行裁剪等。在 CMYK 色彩模式中工作的优点是可以清晰地看到黑色图

诀窍

部分图片处理软件，例如Photoshop，允许使用"脚本"（script）自动地为一系列图像应用校准设置，无需逐一考虑调色问题。

照片或原始图像中的亮色调对制版师来说是一个挑战。

层，而在 RGB 中则不然。但是对于复杂的工作，涉及的图片类型众多，特别是带有亮色调的图片或者细节位于饱和色调上的图片（例如海洋照片、荧光色的儿童书籍），此时调色师最好使用 RGB 图像工作，因为 Photoshop 为 RGB 图像提供了更多的选项和工具。有时，我们也会将这两种方法结合起来：先对 RGB 图像进行精细处理，然后将其转换为 CMYK 图像，并对其进行第二次处理以优化其他细节（对比度和线条）。

对于需要多次处理，可能会引起色彩问题的文件，制版师会保留一个 PSD 文件，该文件包含了图像工作中的所有历史记录，包括了所有图层，这样就算不断调整图像，不同阶段的操作记录也不会丢失。

PSD 格式的文件是色彩工作中的一个重要备份文件，但外部打印设备无法识别该格式文件。当我们要检查工作的完成情况，需要数字打印样张或进行激光打印测试时，我们必须导出此类文件并将其转换为打印机的光栅图像处理器可识别的格式：

* TIFF 格式（文件体积相对较大）：在经过光栅图像处理器前可以决定是否保留图层；

* EPS 或 JPEG 格式（文件体积小）：与 TIFF 相反，会自动合并所有图层；

* GIF 和 PNG 格式：仅适用于网页和智能手机应用的格式。

下图为 CTP 制版（计算机直接到印版）。

光栅图像处理器

　　光栅图像处理器（英语：Raster Image Processor）是一种通过计算机程序将描述颜色的相关数据（例如连续色调图像）转化成用于印刷的光栅点阵数据的设备。打印机里面均内置有光栅图像处理器，但要使用胶版印刷或者轮转印刷时，印前必须通过 CTP（Computer to Plate，即计算机直接到印版）进行数据转换，为每个图层分配网点，并为每种颜色的油墨生成一个对应的印版。

相同的调色处理在胶
版纸、亚光纸或光面纸上
呈现的不同颜色效果。

大多数专色（即潘通色）无
法在数字打印样张上重现。

打样测试与修正

数字打样由专业的印前人员使用具有 8 个到 12 个墨盒的打印机进行打印,其中包括 CMYK 模式的四种标准颜色,加上它们的"浅色"或"粉彩"版本,再加上两种或三种专色和一些特殊颜色。然而,我们无法用这些打印机实现所有专色,打印机的光栅图像处理器会依照其能够处理的颜色数量立刻对不能打印的专色进行调整。打样用的机器采用的是一种类似于复印机的技术,它使用不同的墨水和纸张以承担模拟胶版印刷条件(即纸张、水、油墨和温度)的艰巨任务。因此,人们对数字绘图仪的内置软件进行研究,希望弥补这些差异。

每种类型的打印机都与光栅图像处理器的管理软件有关:主要使用的是 GMG 或 EFFI。

不能踩的坑

制版师通常说的亚光纸实际上指的并不是哑粉纸,而是胶版纸(非涂布纸)。你无需强迫制版师使用这样或那样的纸进行打样测试,你只需向他 / 她提供必要的信息,使他 / 她能够应用合适的颜色配置文件,在相应的纸张上打样即可,也就是说你要告诉他 / 她印刷商要在什么载体上印刷:纸张(涂布或非涂布、白色或有色)或其他材料,比如金属、塑料、织物、玻璃等。

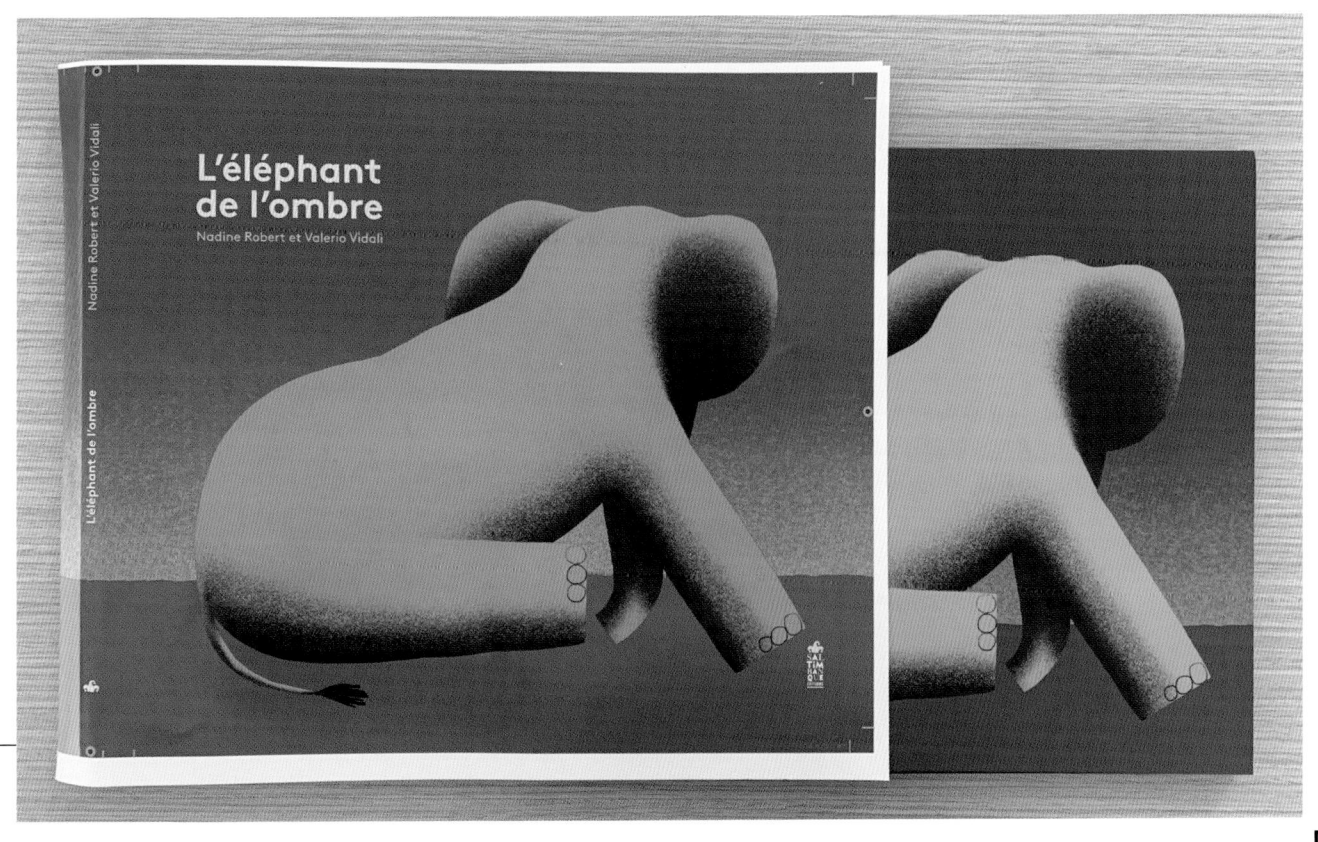

155

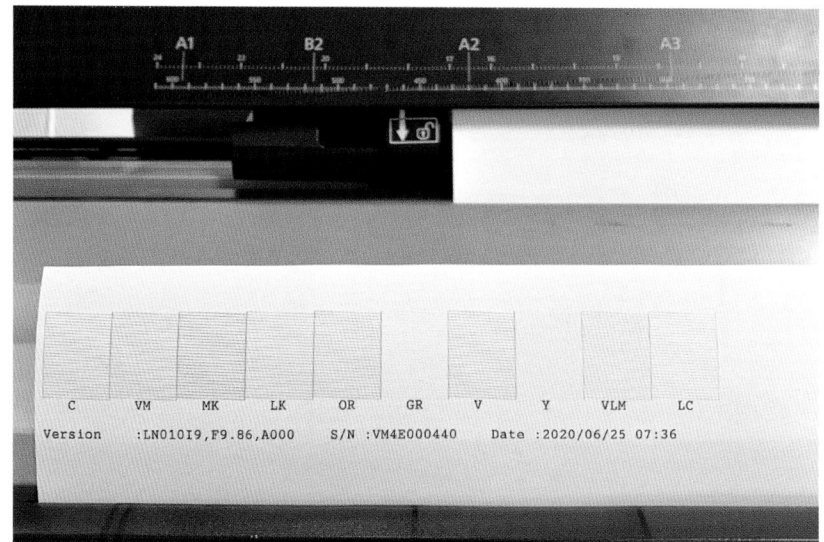

制版师会对数字打样用的绘图仪进行定期校准，以确保参数的一致性。

制版师用的激光打印机使用特殊纸张（例如富士），用以匹配碳粉的颜色与反光表现，它们模拟的是主要类型的纸张表面（涂布或非涂布，亚光或光面）以及每种纸张类型的吸墨特性。用于数字打样的纸张主要有三种类型：光面纸、缎面纸、亚光纸。

制版师会使用绘图仪在特殊纸张上打印样张，这种纸张的表面专为吸收数字打印中使用的特定墨水而设计。这些纸张可以模拟真实印刷纸的主要类型，尤其是吸收墨水后反射光线多少的能力。

顺便提一下，近年来造纸商对纸张的白度要求不断提高，这引起了人们的极大关注。制版师们不得不适应这一变化，并通过改变用于打样的纸张，以确保印刷结果保持一致。OBA 纸（英文名称为 Optical Brighteners Agent，即光学增白剂）可以让制版师使用最新一代 FOGRA 标准进行数字打样，用以模拟最新版印刷纸的洁白度。

与图像设计工作链上的其他环节一样，数字打样的流程当然也要遵守国际标准与认证。目前的探索方向是使用数字胶印机（施乐、美能达、佳能、柯尼卡）进行数字打样，它们的打样成本明显更低，但效果不够稳定。在我写下这些文字的时候，它们还未获得相关认证。

你有权要求别人进行多少次修正或打印新校样？这里真正的问题

不能踩的坑

如果你给印刷商提供了一张套用涂布纸配置文件并且在光面或缎面纸上进行数字打样的图片，又让其使用胶版纸印刷，只怕你会"喜"出望外：比起涂布纸，胶版纸可以吸收更多的油墨，因此会造成胶版纸的油墨密度过大。对于多孔的胶版纸来说，会产生过多过大的墨点：精度、光泽和细节都不复存在。

原件和扫描仪采集图片的
打样对比，样张经过调色处理。

是：你愿意付多少钱来达到预期的结果？这是一个微妙的问题……

　　真正要用好数字图像，首先必须将所有图片进行打样，形成一个基础的工作文档。当然，这是一个十分昂贵的选择。通常，你要先花钱让调色师根据指示完成调色工作，再让其展示调整后的校样。在进行最终的打样前，你可能还要进行一些调整。

　　如果你向制版师提供的是原作、晒印照片或底片，理论上你可以尽可能多次地向他／她提出修正要求，以忠实再现原图，但我们已经知道某些颜色在涂布纸上很难达到，而在胶印纸上几乎不可能重现。因此，必须学会妥协，在你把调色师的才能推至极限的同时，也还请给双方的信任留一点空间，如果专业人士告诉你，他／她已经无能为力了，你的要求就应该有所让步。

> ✿ **诀窍**
> 　　你可以安排一个工作会议，这样你可以在操作员的电脑屏幕上查看所有图片的视觉效果并表明你的期望。然后，在双方达成一致的基础上，选择一定数量的代表性图片用于打样和修正。这会降低你的成本，而且能使印刷商至少有一个到两个校样用以校准机器。

恼人的问题

书籍或杂志根本不会在配备标准光线的商店中出售，为什么要让制版师进行调色修正？

不知道你有没有过这样的经历？当你去非洲或亚洲旅行时，在当地发现一些漂亮的蜡染织物，你兴致勃勃地把它们带回家，然而当把它们铺在沙发上时，突然间你却发现自己对它们毫无兴趣。这十分正常，这些国家的光线与我们所在纬度的光线大不相同，织物的材质与纹理并没有在飞机货舱内发生改变，而印在布料上的颜色必然会产生偏差。

在印前阶段，如果你在自己家里用校准不佳的屏幕查看图像，之后又到制版师那儿进行处理，制版师会为你提供在标准化光线下校准的校样。当你在一个下雨天（或者在一个晴朗的夏日下午），把另一个校样拿到窗户边查看时，你很有可能找不到原来的感觉了……过程的一致性是成功再现图像的最佳保证。因此，尤其对于那些优先考虑颜色精度的图像，最好从头到尾都在相同的条件下，即标准化灯光下（5500K）进行查验。这将使印刷商能使用相同的参数客观地工作。

如果你的高清图片已经无可挑剔，你可以期待看到与最终的印刷结果基本一致的模拟打样。但如果你的文件质量不佳或质量参差不齐，请说明你的优先事项，例如颜色的鲜艳度、可读性、对比度、清晰度、去网点程度、特殊修图等。

通常来讲，有时你需要逐个文件地指出哪些是图像中想要强调或删除的内容，哪些是无论如何都不能改变的内容，这一点非常重要。

图片的底色

在美术馆的雕塑目录或者展示家具、化妆品、烹饪菜肴或珠宝的小册子中，你经常会遇到图片底色的问题，建议准确地说明图片的色调（暖色、冷色、中性色），并且当文档中图片的色调与密度不同时要进行统一化处理。

图像的保真度

一个能够使用 Photoshop 的优秀操作技术员可以实现几乎所有你想要的效果，但是要由决策者来决定具体推进到什么程度，有哪些在图像转换或重现时不能跨越的界限，尤其是那些与我们的观点、情感或商业目标有关的，带有强烈主观性的部分。

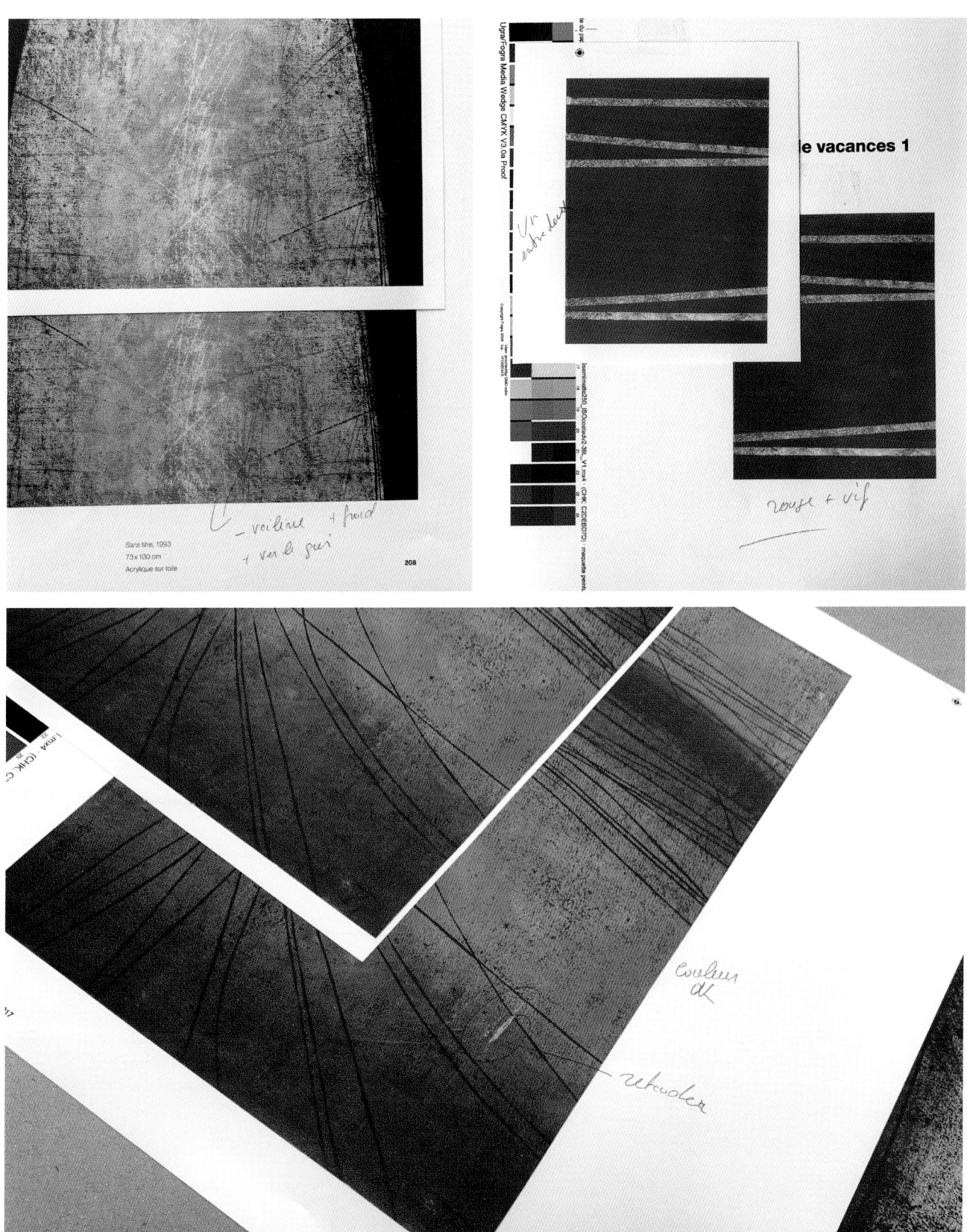

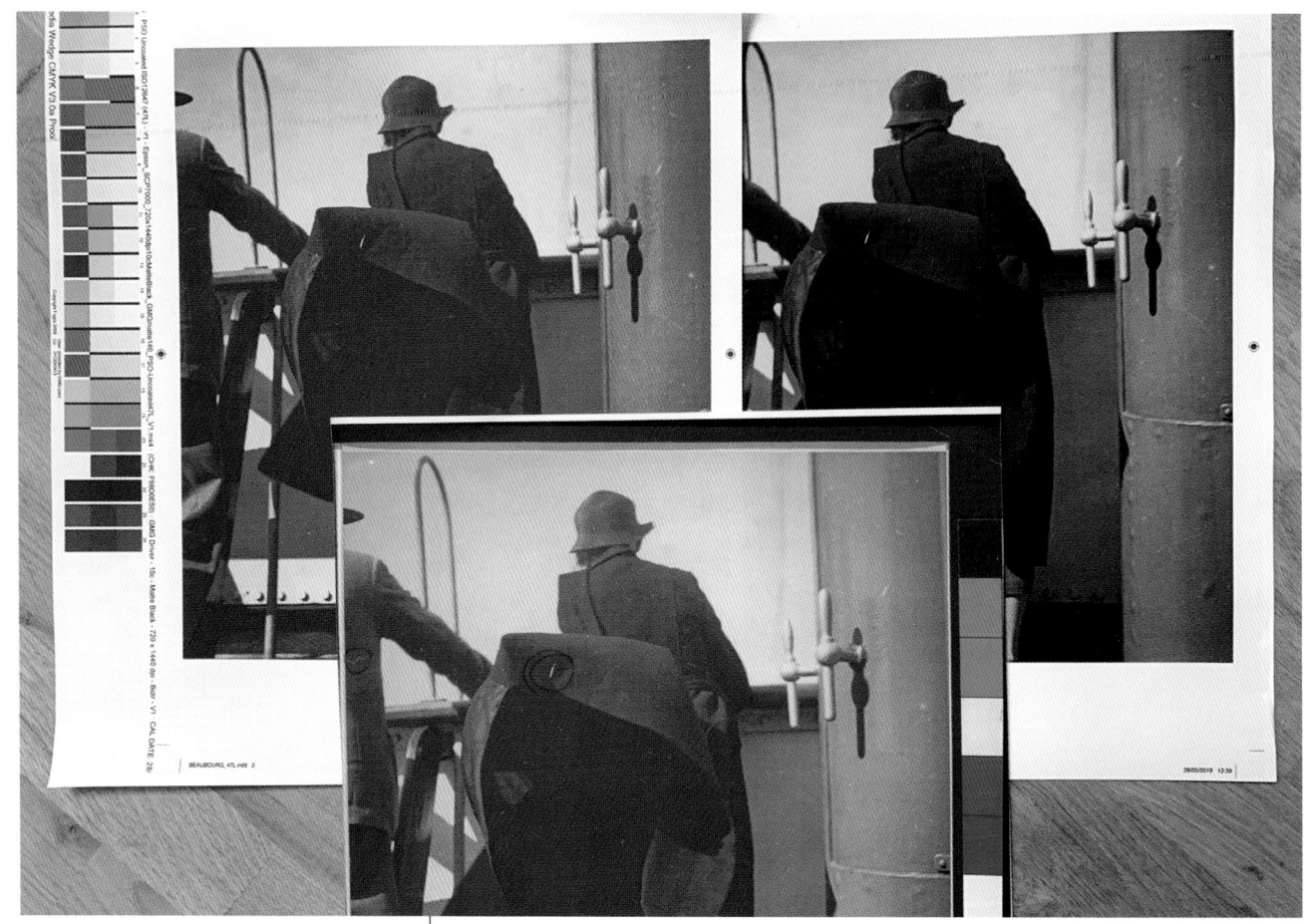

一幅老旧照片中的"瑕
疵"能修复到什么程度？

为了更好地重现某些图像，最好进行一些早期干预，尤其是当原文件的质量存在问题时，例如不透明图片、网点图、底片或印刷品的电子版文件等。

但是，当我们处理著名摄影师的底片或知名人物的照片时要十分谨慎：是否应该修补照片中的缺陷？是否能够以某种借口篡改图像？这不是具体的操作人员能够做的决定。对于特定内容的处理，不能由调色师而是由决策者承担此（重）任。操作人员不能决定是否能删除图片中重要或不重要的细节。此外，即便是稍微修改卡蒂埃－布列松（Cartier-

Bresson，法国著名摄影家）的摄影作品都可能让你面临法律诉讼，因为这位艺术家只将他本人签名授权的作品遗赠给了后代（"冲印的照片就是作品"），在这种情况下，制版师只能在授权人的密切监督下工作。

如果出版商在印刷一张日本木版画时要求你做到绝对忠实（保真）且毫不让步，我们可以如此反驳他们：事实上，过去人们使用相对不稳定的老旧技术印刷该画，使得目前存在着很多不同的版本。

最后，当制版师接纳了你的主观性指示并修正了由于保存状况与文件性质造成的小问题时，他／她就可以心无旁骛地努力完成最主要的任务：尽可能忠实地再现文件，特别是使其能被印刷出来。

当纸张、油墨与根据这两种材料准备的印刷文件完全匹配时，印刷便可取得成功。

准备印刷用的文档

如上所述，ICC配置文件首先可以确保 RGB文件和CMYK文件之间的正确转换，并能保证CMYK文件适用于某种纸张。这在使用非涂布纸时尤其重要，因为网点的类型、加网线数、密度以及最重要的总油墨覆盖率（四种颜色的网点覆盖率）将大不相同。因此，仅向印刷商提供CMYK文件是不够的，最主要的问题是到底应该提供哪一个CMYK文件。网点越小，线数越高，就能呈现越微妙和越精确的颜色差别，但这远非绝对的真实，点和线的精确度与载体的性质直接相关，载体吸收墨点的能力不同，橡皮布施加的压力也多少会不同。这就是制版师的专业知识所在，不论纸张是否有底色，不论其吸收油墨能力的大小，他／她必须能预料到油墨在既定载体上的表现，并且处理色彩和清晰度可能存在的预期误差（例如通过观察印刷在胶版纸或纺织品上的作品暗部区域细节）。他／她还能够根据不同的印刷类型确定清晰度和分辨率：在尺寸为70 cm×100 cm的平张纸胶印机上印刷有12个印版的地铁海报，其文件与用大尺寸数字绘图仪在塑料防水布上印刷使用的文件大不相同。

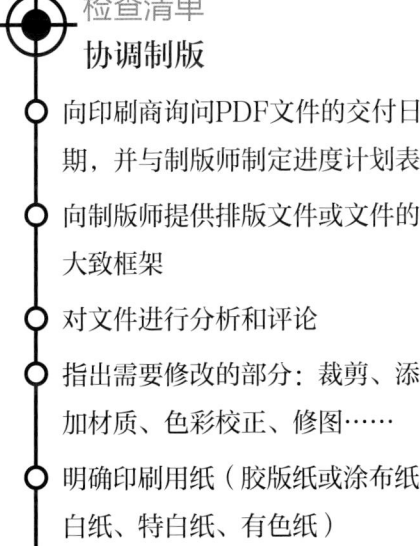

检查清单
协调制版

○ 向印刷商询问PDF文件的交付日期，并与制版师制定进度计划表

○ 向制版师提供排版文件或文件的大致框架

○ 对文件进行分析和评论

○ 指出需要修改的部分：裁剪、添加材质、色彩校正、修图……

○ 明确印刷用纸（胶版纸或涂布纸；白纸、特白纸、有色纸）

○ 尽可能在一致的光照条件下工作

2

印前工作

不同的打印类型和不同的载体都需要以准备特定的文件为前提。但是，根据项目内容不同有可能还需要进行其他调整，这对图像制作能力也提出了要求。

印刷工作的前哨站

四个颜色图层叠加在一起的油墨总量，被称为网点（总）覆盖率或着墨率，在印前阶段要根据使用的纸张类型通过恰当的 ICC 配置文件进行调整。一旦设定了参数，印刷商将能够更好地调整密度，即调整从墨斗释放到纸张的油墨量以及施加的压力，油墨经过印版和橡皮布被转移到纸张上。一切都相互关联……请信任你的合作伙伴：告诉他们你想要的效果并让他们自行进行调整。但如果用于印刷的文件没有经过制版师处理，请注意以下几点：

* 网点(总)覆盖率: 印刷图片时，需要遵守每种纸张的最大网点(总)覆盖率，具体如下：对于质量较好的涂布纸，最大为 300% 至 350%；

右侧是在铜版纸上以 300% 的网点覆盖率印刷的图片，左侧是在胶版纸上以 270% 的网点覆盖率印刷的图片。

胶版纸最大为270%，因为胶版纸没有涂层，所以油墨会扩散，并且会被压得更大，这也是为什么我们会在纤维"暴露"的纸张上选择使用更少的墨水（见第98页）。

　　* ICC 配置文件的应用：请从网上下载与使用纸张相匹配的FOGRA 配置文件，在制作 PDF 文件之前将其应用至所有图片。印刷人员会根据纸张调整加网线数。线数过高，就意味着网点过多，它们会过于接近甚至相互交汇，并"侵犯"到那些低网点数量或零网点的区域，以致无法重现正确的颜色与细节。（小提示：133 线用于胶版纸，150/170/200 线用于各类涂布纸）

语言变更时如何准备文件

　　你在制作出版物的时候有可能需要为其规划不同语言的多个版本。对于一个普通的文件来说，我们只需要将文本（100% 黑色）和图片的

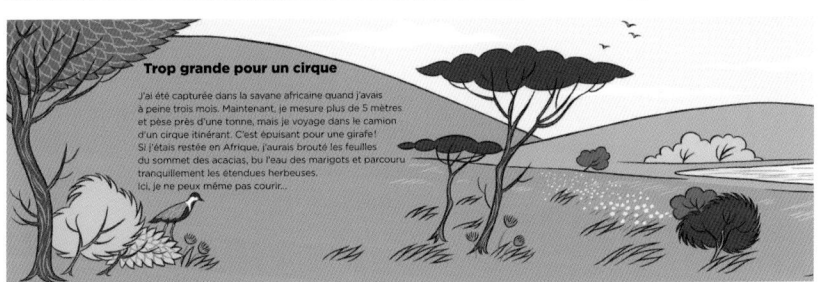

1 ｜ 2

✳ 诀窍

　　有两种方法可以对黑色背景下的反色文字（texte en négatif）进行语言更改。第一种方法是从正色切换到反色，也就是你不必在白色背景上打印黑色文本，而是选择保留白色文本并在 100% 的黑色背景上印刷。此时只需要换一块印版，但缺点是这个单纯的黑色由于缺乏四色支撑，颜色不会很深。另一种方法则是干脆破坏文字背景的黑色，在文本下层加入一块均匀的"本戴色"，让文字变得清晰可读。如此我们便获得了一个更深的"打底"黑色，也只需要更换一块印版。

黑色网点结合在同一图层上即可。但如果要让印刷商能够更改语言，你必须创建一个底层文件，该文件包括已经放置在图片框架中的 CMYK 四色图片，然后再单独创建一个包含纯文本的文件，并将其命名为专色黑或者第五色。

　　印刷商这时有两种处理方法：（a）如果机器有四个机组，他／她会将底部黑色图层与每种语言结合，每次结合都生成一个新的黑色印版，该印版包括了黑色文本与图片的黑色网点；（b）如果机器有五个机组，他／她就不用改动原来四色图片的网点，专门用第五个机组单独印刷文字。文本图层的分离允许印刷商每次印刷时只更换一个印版，从而减少固定费用：四种颜色的定位、压力、密度和颜色设置在每次停机时可以保持不变，只需要稍微调整最后的黑色即可。

网点的管理

　　在印前工作中，我们会将连续色调转换成多个网点的集合，四色网点的叠加会尽可能地模拟原图并将其再现。正如前述，网点可以或多或少，或大或小，或远或近，它们会排列成一条条或近或远、或直或斜的线条，以避免 CMYK 四色网点之间产生冲突。

此图像存在出现锯齿效果的风险。

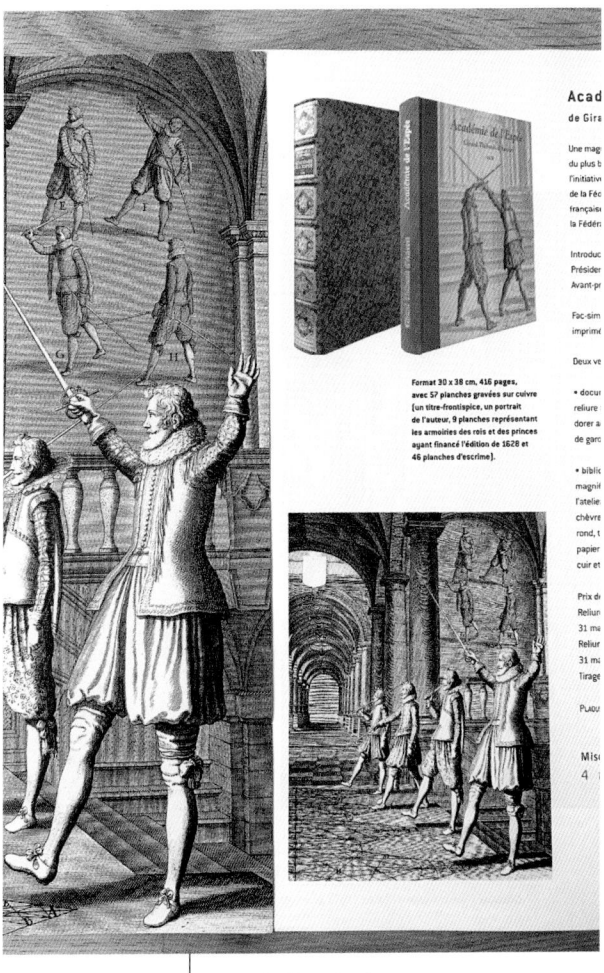

这是一幅摩尔纹的例图。

制版师的工作之一是避免出现与网点表现相关的图像缺陷。网点的几何特征可能与再现物品的性质产生冲突。当再现建筑、家具或任何具有水平线、垂直线或斜线的几何图形时，在某种程度上会出现两个网点相叠加而形成的锯齿效果（effet de crénelage）（或称楼梯效果）。因此，必须正确调整网点的方向，以避免出现不同角度网点的叠加现象。这方面最常见的缺陷就是摩尔纹（le moirage），由于原文件中本来就存在网点（例如用胶印印刷的复制品），它们会干扰到你的作品的网点。

当我们重现地毯、雕刻、纹路精细可见的织物或已经被网点化的文件（剪报和复印的书籍）时，就会出现这种情况。

CMYK 四色网点的方向。

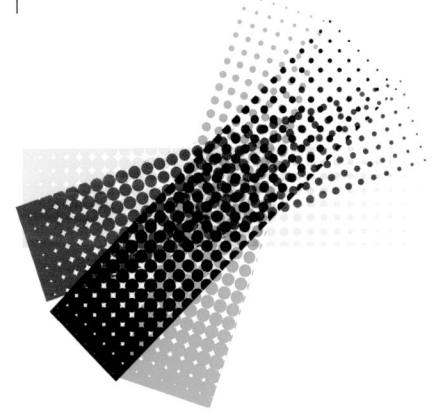

被网点化后的图像或者有网点
重叠的图像可能会产生摩尔纹。

诀窍

如果作品存在出现摩尔纹的风险，建议留出少量预算让印刷商进行印刷测试。只有真正使用胶版印刷才能发现数字打样掩盖的缺陷。

为了解决这个问题，在计算机辅助排版出现之前，传统方法是通过尝试调整网线的方向，避免网角和细节线条过于接近。但如今我们无法再以这种方式解决这些问题了，因为我们不再是专门为一张张图片调整网点方向，而是整体通过CTP制作印版。此外，过去打样与最终印刷使用的都是相同的技术（胶片和印版），而现在的打样使用的是数字喷墨打印机，它只能尽力地模拟印刷视觉表现和纸张，但不能模拟网点或油墨。

如果你对整个作品确实存疑，解决办法可能是使用随机网点。

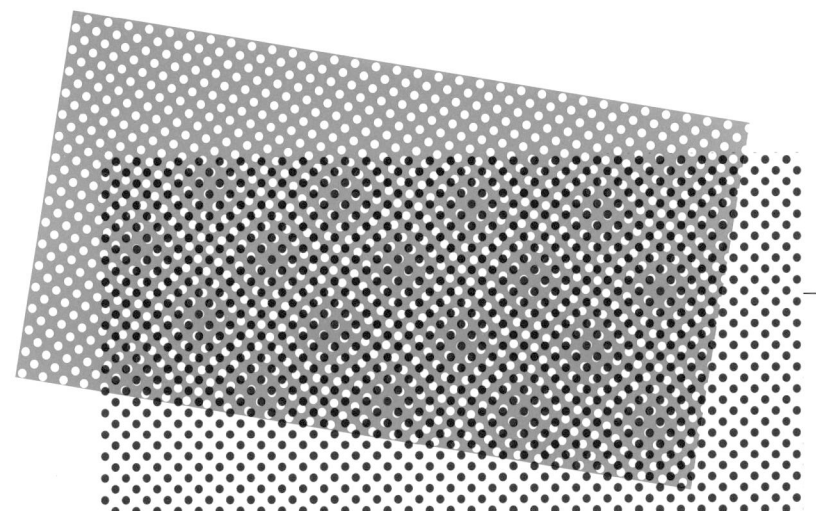

摩尔纹产生的原理：
两种不同网点的叠加。

随机或任意网点

传统的网点图由四种网点叠加而成，分别对应四种颜色，网点大小不一，排列成规则的线条。在四色印刷中，青色、品红色和黑色三种颜色的网角相差正好30°，以避免它们互相干涉，否则会产生摩尔纹。加网线数越高，图像中可重现的细节就越多。使用随机或任意网点（希腊语：stochastique，指偶然发生的事情）时，我们打印的是微小的网点云团，所有网点拥有相同的大小并随机排列，有点类似于喷雾……它们的数量取决于再现图像的密度要求。这种技术消除了传统网点可能会出现的摩尔纹问题，可以用于重现非常精细的细节（例如珠宝的亮光），但这意味着要使用更难处理的印版，对油墨与纸张的把控要更精确。这类印版的制作依靠的不是制版师而是印刷商的CTP技术。随机网点的缺点是较难重现图片的颜色深度、立体感和密度，还会突显出图像中最细小的缺陷。近年来，混合网点备受青睐，因为它结合了随机网点能够表现的亮处与暗部的精细细节和传统网点能表现的中间色调的立体感和对比度。

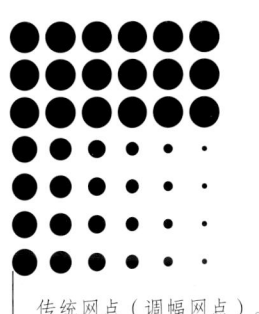

传统网点（调幅网点）。

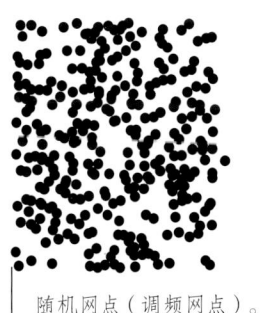

随机网点（调频网点）。

我可以印刷多少种颜色?

无论是轮转凹版印刷机、轮转胶版印刷机还是平张纸印刷机,至少都有四个机组,配备了四个墨斗,对应减色模式中的四种基本颜色,将其混合几乎可以重现所有颜色或者至少尽可能地接近所有的颜色。这四种颜色分别是青色、品红色、黄色和黑色(法语中四色的缩写是 CMJN,英语是 CMYK,即 cyan,magenta,yellow,black 或 K ★)。

在此我们不去讨论轮转印刷机的情况,它很难处理额外的颜色,因为第五个机组主要用于涂抹保护清漆;而在平张纸胶印机中,机器第五个机组的墨斗中可以放置清漆或专色;数字印刷则无法做到这点,数字印刷使用的是专门的碳粉盒或墨盒。

胶印机最多可以配备 10 个墨斗。因此,你可以使用四种基本颜色印刷几乎所有的可见色,在四种颜色的基础上还可以添加潘通专色:借助这种特殊的油墨,我们可以扩大色域,即扩大四种颜色能对应的有限色谱。

为什么有时需要扩大色域?

在日常生活和字典里,有一种颜色叫橙色。我们曾经说过,并非所有的颜色都存在于所有的语言中,而且有些颜色没有能持久地存在于人类文明史中。对于显像管发射出的一个介于黄色和红色之间的光学振动,我们似乎都不约而同地将其称为橙色并满足于此。

为了在纸张上诠释这个振动频率,我们有两个方案:

1. 复合颜色(本戴色):

在机器运作时,在印版上蘸上四种颜色的油墨,再将其转移至橡皮布上,最后转移到纸上;想要获得橙色,要用黄色和品红色油墨以不同的百分比叠加,印刷商必须保证这种混合色在整个印刷过程中保持一致。

★ K = Key,即关键色,用于与其他颜色搭配以准确表现色彩。

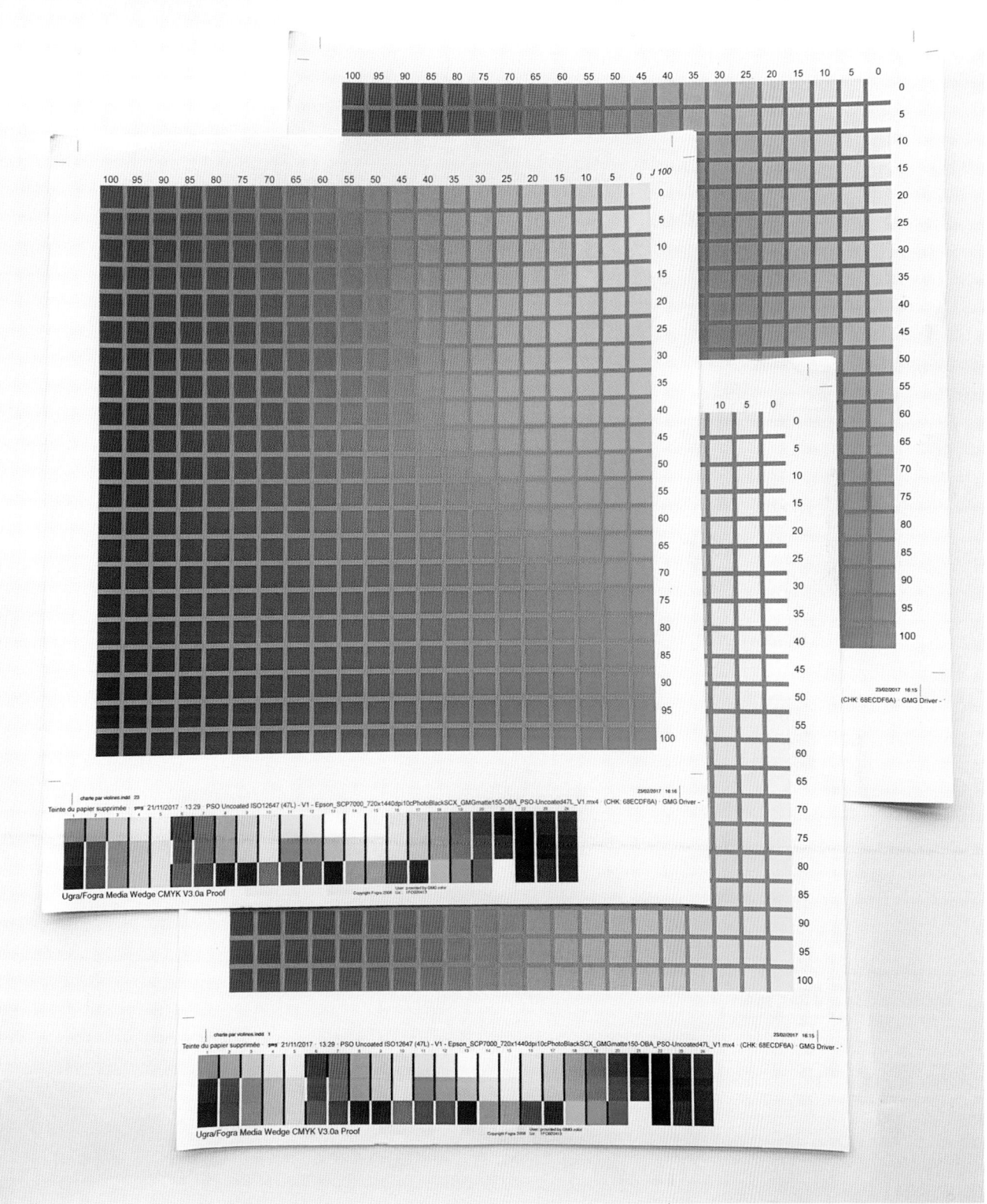

用于寻找由四色构成的特定颜色的复合色板。

不能踩的坑

我们是否可以通过四色调配出潘通色？某些潘通色在某种程度上可以通过四色调配出来，但另一些则完全不可能。在制作 logo 或图章时要考虑清楚，如果选择了不可调配的潘通色，那么你或你的客户始终需要选择五色印刷（甚至更多）。在印刷纸袋或新闻资料的时候，你可以使用一个或两个潘通色加上一个黑色进行文本印刷，但是一旦涉及宣传册、商品目录或书籍的制作，或者是印刷杂志上的广告时（在轮转印刷机上印刷，因此只能使用四色），出现一种无法通过四色实现的颜色可是要出问题的……

按照同样的原则，我们可以把黄色和青色混合成绿色，将品红色、黄色和黑色混合成波尔多酒红色，等等。在本戴色范围内，你可以找到各种不同颜色对应的百分比。对于所有用 1、2、3 或 4 种颜色叠加的可复现颜色，都有类似的表格。但你会发现有时我们无法准确重现一些细微的颜色差异，尤其是"亮色"或"荧光色"。在这种情况下，你可以选择使用被称为潘通色的额外油墨。

2. 专色（潘通色）

在墨斗中，我们可以放入提前混合好的特殊油墨，它可以呈现十分精确的橙色。在始终以相同密度印刷的前提下，无论是单次打印还是多次打印都能保持稳定的颜色表现。

Pantone 811
潘通811色

**Orange quadri
M70 + Y100**
四色调配的橙色品红70+黄100

左图是四色印刷的护封，右图是专色印刷的封面。

这是一个用于找到精确颜色的潘通色卡。

正确选择潘通色

潘通（PANTONE）是一家美国公司，成立于19世纪中叶，主要生产化妆品色卡。其在成立一个世纪后发明了潘通匹配系统（Pantone Matching System，缩写为PMS），该系统向印刷商提供预制油墨，能以高精度重现某些颜色。潘通油墨是上机前就预先调配好的，并不是在印刷机上混合而成。潘通油墨由18种基本颜色制成，包括黑色、四色中的3种基础油墨（青、品红、黄）和用于增亮的透明白色等。根据使用纸张的类型，存在3种不同的潘通色卡，这非常重要，因为纸张吸收油墨的能力不同，印刷表面反射的光线会发生变化……颜色的色调也会发生变化！请务必准确地说明你的潘通色参考号，具体分类如下：Pantone XXXC（coated），用于半亚光和光面涂布纸；Pantone XXXM（matted），用于亚光涂布纸；Pantone XXXU（uncoated），用于非涂布纸，即胶印纸。

不能踩的坑

　　不要以为 C 系列的潘通色和 U 系列的潘通色一模一样！有时，相同的参考色号会产生显著的差异。如果你希望在书籍封面的铜版纸和书籍内部的胶版纸上印刷完全相同的颜色，请将两种色卡并排比较，检查色调是否一致。有时，你不得不在 U 系列内选择一个更高的色调或者别的近似参考号，因为胶版纸会吸收更多的油墨（和光线），色调最终呈现的效果会较为暗淡。在上面的例子中，为了在书籍内部的胶版纸和封面的铜版纸上获得相同的颜色，使用了不同的潘通色：内部胶版纸使用了黄色 3959U 和蓝色 315U，封面铜版纸是黄色 101C 和蓝色 316C。

如何在彩色纸上打印特定颜色？只有一种可靠的解决方案：丝网印刷。丝网印刷的油墨能覆盖在表面并且不与纸张的颜色冲突，胶版印刷就做不到这点，因为使用的油墨是"透明的"。此外也可以选择先在数字打印机或 HUV/LED 胶印机上提前印一层打底白色。如果确实不得不在彩色纸上采用胶印方式印刷潘通色，需要做一些非常精确的技术调整，或者更准确地说，需要进行一些经验性的摸索。为了获得既定的颜色，必须使用光谱仪对纸张的颜色进行分析，先减去希望使用的潘通色的色值，然后再找另外一种更明亮的潘通色，将其与彩色纸的色调值相加，最后才能得到最初想要的颜色。

使用潘通色可以近乎完美且稳定地重现既定颜色，这在纺织、化妆品和其他许多领域非常重要。某些品牌通过使用特定的精确颜色来提高自身的识别度，他们需要最大限度地精确复现产品或图标中的识别性元素：路铂廷（Louboutin）鞋子的红色鞋底或芭比粉色的鞋底都是通过参照潘通色卡来实现的。现在人们还可以通过潘通色卡校准计算机屏幕的颜色，以确保整个过程中颜色的准确重现，这有时也是维系良好客户关系的关键所在。

特例

1.白色：白色对应的是无色，指的是纸张上没有油墨覆盖的区域，印版上没有与印刷网点对应的点。白色是一个"空洞"，因为在初始文件中没这个区域的信息。在平面艺术的术语中，我们将其称为"挖空"（挖掉有色背景上文本的颜色）。白色就是印刷载体本身的颜色，请再次参考本书关于纸张的章节（见第 88 页至第 92 页），以了解这个所谓的"无色"全部的秘密与陷阱。我们不可能用胶版印刷或凹版印刷来印刷白色，在丝网印刷中可以通过使用特定油墨印刷，在数字印刷中可以使用白色墨水，也可以利用 HUV/LED 印刷机实现。

由于添加了打底白色得以使用四色印刷的黑纸。

YANN LEGENDRE

À CORPS PERDU

在黑纸上用丝网印刷的白色图案。

不能踩的坑

如果你没有将文本正确地导入排版中，你的黑色文本可能会变成四色文本，这样几乎不可能套准。必须确保导入的黑色是纯黑色，而不是四色中的黑色、套准的黑色或 RGB 文件的黑色。这一原则也适用于黑色的素描或黑色的图表。我们当然可以使用彩色文本，但也需要十分谨慎，避免出现套准错误的问题。如果你希望接连打印作品的多个语种版本，也请不要使用本戳色文本。具体请参阅语言变更的相关说明（见第 163 页）。

2. 彩色文本：如果使用数字打印，可以更轻松地再现复合颜色的文本，即便文字本身十分细小。数字印刷的网点更为方正且更干燥，这大大减少了套准错误的问题。胶版印刷的过程是双重转移的过程，先从印版转移到橡皮布，然后从橡皮布转移到纸上，因此很难再现极微小的细节。在传统印刷中，四种颜色的完美套准（repérage）是一大难题，这也就是为什么目前四色印刷的文本是凹印和胶印的众多禁忌之一。

在什么情况下可以印刷彩色文本？有两个前提，文本的颜色仅由两种颜色组成以及文本占有足够的篇幅。

在使用了衬线字体、字号太小且颜色太多时，本戴色的文本套印也会变得十分复杂。印刷尺寸也是一个重要因素：印刷尺寸较大时，印刷产生的热量和印张的运动会导致纸张末端变形，这就增加了套印的难度。在彩色或四色黑背景上的挖空文本也面临同样的问题，原因显而易见：背景的颜色如果没有被完美地套准，就会侵入挖空部分，效果便不尽如人意。在这种情况下，可以考虑使用陷印（trapping）或扩缩技术，该技术能稍微放大挖空文本，以确保三色不会侵入预留区域。在本戴色背景上插入的彩色元素也可进行类似操作：放大嵌入的元素可以避免它与背景之间产生间隙，否则可能会导致两者之间出现露白。

✳ **诀窍**

尽可能地将自己的创意限制在章节名、标题和框内的文字里，不要不惜一切代价地想着去给一个小小的文字细节上色。

在同一个作品中，并非所有的页面都能以同样的方式套印。

ou le pilote entamait la procédure
issage, il aperçut un obstacle que
des de faisabilité avaient totalement
: des hippopotames ouvraient de
esques gueules sur toute la surface
Il réussit à les éloigner en exécutant
urs passages au raz de l'eau et en
t rugir les six moteurs du Latécoère
e puissance. On appliqua ensuite un
ment de fond en vidangeant l'appareil
ace au grand dam des tribus riveraines
vaient de la pêche après avoir épuisé
maigres revenus de leur production
nière. Cette compagnie disparut très
ement après l'explosion dramatique
un des appareils au-dessus du pays
oum.

ignage d'Henri de La Ville Montbazon

gatoires à la dir
Saint-Germain. Je continuais à m'interroge, peaufin
sur le bien-fondé de quitter le journal La chie. Je
Montagne où j'étais journaliste la nuit pour ourber c
payer mes études le jour. Trois entretiens ouet av
passés, je me rends devant le bureau (d'angle une fois
si je me souviens bien) de Charles Méda iens sou
pour attendre mon tour, l'œil dans le vague ure. » E
Puis tout à coup, mes deux yeux se porten i impres
sur l'un des bureaux voisins et je lis sur le cteur ge
chambranle de la porte les noms des deu mandes
occupants : Monique Sanchez (la titulaire) a quest
et Martial de Bienassis (un stagiaire). La mission
plus de doute : une institution capable de uvent q
réunir dans un même lieu Sanchez et Bie et que le
nassis ne pouvait être fondamentalement ures...
mauvaise ! J'ai donc fait mon choix. Je suis
rentré à la CCCE et ne l'ai jamais regrette

Témoignages de Daniel Pouzadoux

126

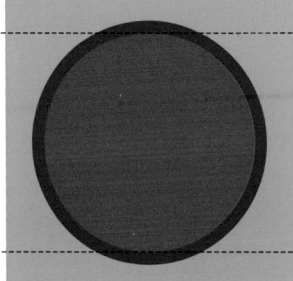

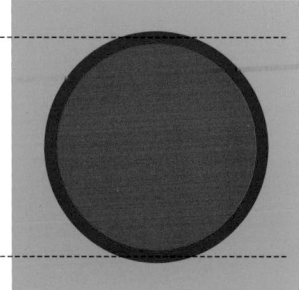

青色和品红色没有正确对齐。	扩大：将品红色区域扩大，略大于它所处的挖空开环。	缩小：将青色挖空开环缩小，略小于品红色区域。	居中：两者以相同的比例扩大和缩小。

在蓝色背景上保留白色文本是没有问题的。但是一旦添加了其他颜色，就会出现套准问题。

诀窍

如果你的文字元素（页首花饰、题词、标题等）使用的都是相同的颜色，那么最好使用五色印刷，专门为这些文本使用同一种潘通色，这不但可以保证颜色的稳定性，同时也能消除可能会出现的套印错误问题。

此外，要知道如果在胶版纸上印刷会遇到更多的阻碍，因为压印会变得更不清晰，油墨更分散，套准错误的问题可能会更加突出。

3. 黑色：我们通过将黑色油墨转移到纸张上以获得黑色。文本的黑色看起来和原本油墨的颜色基本一样，但在一张光洁平滑的纸上，尤其是在被网点化后，它看起来更像深灰棕色。（见第53页）

RÉVÉLATIONS

DÉSINTÉGRATION

...TION

...TION

在光滑的纸上使用潘通色更为有利，因为它比本戴色更稳定、更均匀。对于被网点化后的背景来说，差异更加显著：下面是 70% 的黑色，上面是潘通冷灰色（Pantone Cool Gray 10C）。

再现绝对的黑色

梵塔黑（Vantablack），也被称为绝对黑，是一种基于碳纳米管的颜料，可防止最轻微的光线反射并吸收 99.965% 的可见光。这是有史以来最深的黑色，一旦沉积在物体上，就会产生惊人的效果。英国艺术家安尼施·卡普尔（Anish Kapoor）最近购买了这项专利，引起了轰动，同时也给艺术界及其他领域带来了伦理问题。幸运的是，在丝网印刷中还留了一个可供公开使用的调配公式。

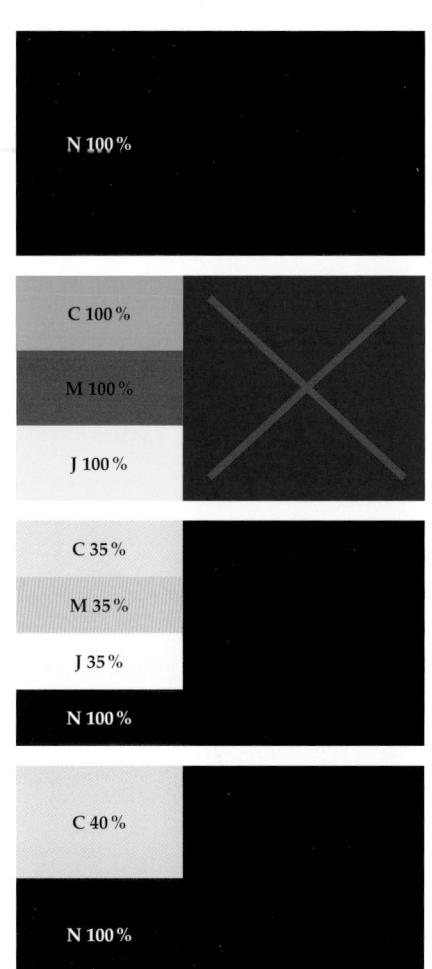

如何获得浓密又美观的黑色背景？中性与平衡的黑色参数如下：100 黑 +35 青，35 黄，35 品红。还可以使用 100% 的黑色和 40% 的青色来获得更冷色调的深黑色。基本上到此就可以止步了，因为添加更多的油墨并不会改善视觉效果，而且有可能超过纸张能够承受的着墨率，造成油墨污渍，甚至会出现最遭的情况——纸张拒绝油墨。四种油墨的网点覆盖率是印前基础工作的一部分，它与纸张类型和机器有关，与使用的油墨性质也有关系。再次提醒，胶版纸的网点（总）覆盖率通常为 270%，铜版纸最高在 300% 至 350% 之间。我不厌其烦地再次强调，请向印刷商询问纸张最大的油墨总覆盖率是多少，并将此关键信息告知制版师。

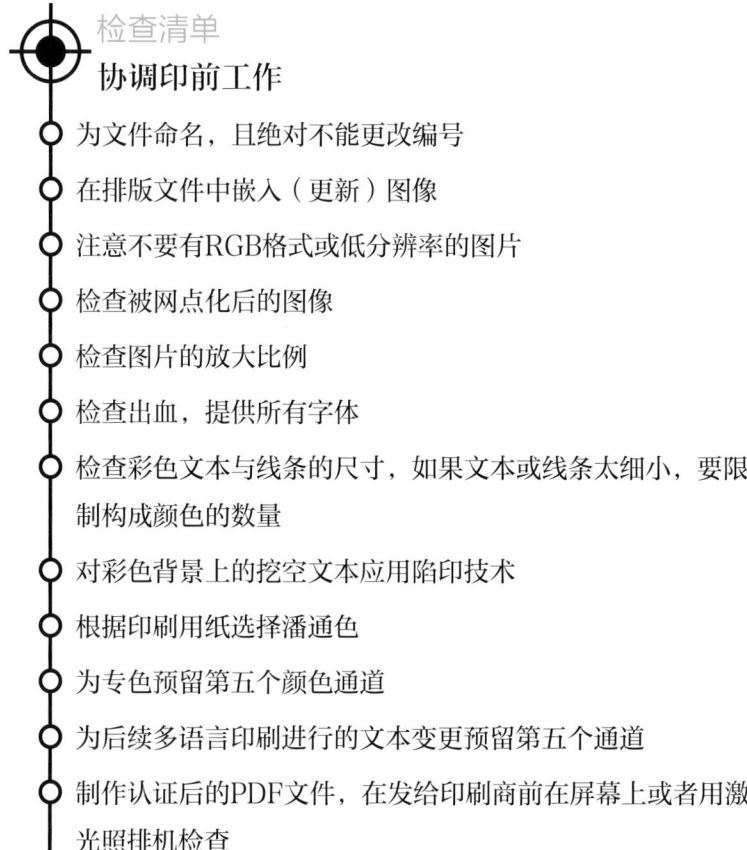

检查清单

协调印前工作

为文件命名，且绝对不能更改编号

在排版文件中嵌入（更新）图像

注意不要有RGB格式或低分辨率的图片

检查被网点化后的图像

检查图片的放大比例

检查出血，提供所有字体

检查彩色文本与线条的尺寸，如果文本或线条太细小，要限制构成颜色的数量

对彩色背景上的挖空文本应用陷印技术

根据印刷用纸选择潘通色

为专色预留第五个颜色通道

为后续多语言印刷进行的文本变更预留第五个通道

制作认证后的PDF文件，在发给印刷商前在屏幕上或者用激光照排机检查

3

印　刷

　　我们很少能有机会进入一个凹版印刷厂，更别说爬到一台台犹如迷人城堡的印刷机器上了，你可以听到机器运转的轰鸣声回荡不绝，油墨那令人陶醉的特殊香味亦沁人心脾……但或许你会有机会参观轮转印刷厂，在那儿映入眼帘的是滚动的纸卷、堆积如山的纸张与忙碌不停的操作员，你在这里可以感受到如同电影《摩登时代》中的气息。

但是，我们有很大的概率参与平张纸胶印的过程，你多半也是在那儿经历了自己的第一次"炮火洗礼"，在印刷现场你可以很快地理解在本书上学到的一切，而如果是在学校的物理课或化学课上学习这些知识的话，估计你可能会倚着椅子昏昏欲睡。如果你打算见证整个印刷过程，首先要清楚地知道，大部分主要工作都是在印前阶段完成的，你很难对最终的印刷结果进行实质性修改。糟糕的制版永远也不可能印刷出精美的成品，但是，正确地准备好印刷文件，可以在上机时，辅以操作员的帮助，让你为作品添加"点睛的一笔"。

如何与印刷商共事？

* 确定包含文件交付日期和送货日期的进度计划表、空白样书或纸张样本，协商详细的报价。

* 订购纸张，为印刷预留时间空档。

* 编辑一份包含报价条款和进度计划表的订单。如果印刷商在另一个城市或国家／地区的话，请与其联系，以确定由谁来支付材料的运费和"同意付印"前的等待费用。

* 遵守支付条款：如果要求预付款，请及时转账，确保纸张顺利订购，并将该项工作记录在进度计划表内。

* 约定日期到来时，准时向印刷商发送文件并提供校样。如果无法遵守预定的时限，请不要等到最后一刻才通知印刷商，提前告知才能让他们尽最大努力及时调整进度计划。

* 遵守进度计划表，并在约定日期提供"同意付印"证明。

* 印张印刷完成后，请仔细地进行整体检查，提供"同意装订"证明，以便印刷人员能够继续生产流程。有些错误在这个阶段在一定程度上还是可以弥补的，如果出现重大问题，在折叠印张、配帖、套封面和装订前，仍然可以重新印刷全部或部分作业，以减少损失。

* 快速地确认送货地址，包括不同收件人的电话联系方式、营业时间和卸货条件(送到市中心或者有卸货区的仓库,操作和成本完全不同)。

* 在送货之前检查收到的样书是否与要求一致。这是必要的一步，因为在这个阶段，仍然可以解决小的遗漏或者错误的指令问题（ 包装塑膜、书签等)。

恼人的问题

我应该在什么时候向印刷商提供校样？

通常，客户会在印刷当天带着校样来到印刷厂。但我建议预先提供校样，以方便印刷人员提前对其进行分析。如果在铜版纸上印刷，你的文件要使用匹配铜版纸的配置文件（FOGRA 39或51），校样用纸要用光面或缎面铜版纸。对于胶版纸，要采用FOGRA 47L或52的配置文件，校样用纸要使用亚光纸，用以模拟胶版纸的效果。然而，当印刷用纸是亚光松厚纸时，印刷商要调整工作流程和加网线数，以便根据样张的效果优化其生产曲线。

印刷商这边会给你寄送一份回执单和包含具体工作步骤的进度计划表：

* 寄送包含规矩线的纸质或电子版文件，等待你的检查确认。（请记住，规矩线只是用于检查拼版的，而不是让你在最后一刻修改文本用的！）

* 寄送包含印张在内的各种物件，比如书芯、封面等。

* 在交货前一两天寄送几份完成的最终样书。

* 交货时寄送装箱单。

* 根据提交的订单寄送发票。

在印刷生产的那一周或几周内（杂志需要1周到3周，书籍需要4周到5周），请随时保持通讯联络畅通，因为任何一个确认的延误都会导致日程安排的变动，可能会影响操作流程的正确执行。

我们要保障各项印刷任务的连贯性，印前和准备印版、印刷、折页、装订、装帧、包装、运输——所有这些活动都必须由印刷商自身与外部的分包商协力合作按计划进行。若你对这些内容能够充分理解并严格遵守工作指令，可以确保印刷任务在承诺的截止日期前完成。

如何处理增印或补印？

如果需要增印或补印，应该要毫不迟疑、毫不含糊地与印刷商确定和验证好数量。毋庸置疑，双方的回应是必不可少的，但行政部门的审批手续不应该成为阻止生产的障碍。快速地做出必要的决定或者确保你的上级或者客户能快速地做出回应，是打开此类局面的保证。

同一张图像的黑白
线条图和灰度图。

使用什么机器印刷几种颜色？

或许对你来说，只要一种颜色就足够了，那就是黑色（但不是只有黑色……）。单色的轮转印刷机和平张纸印刷机只能印刷黑色的文本（例如小说），同时可以印刷文本附带的一些由黑白线条构成的插图（图表、素描、某些粗版画等）。与活版印刷术的性质一样，印刷文件的结构仅包含了"是"与"否"两种信息：要么是白色，要么是 100% 的黑色。组成这些文本或矢量线条的印点十分接近，不存在真正意义上的网点，因而没有灰度差别。这些机器具有相当高的网点放大率，但这并不重要，因为我们追求的是极高的黑色密度和线条清晰度，无需担心那些细微的差别。但如果文本还附带有黑白照片和绘画，由于它们存在黑白之间的过渡，我们不得不使用灰度图像，灰度图像只有一种颜色，灰度的差异是通过调整印点大小与它们的距离远近来实现的。市面上也有一些轮转印刷机或者小型的平张纸印刷机，由于网点扩大率较小，可以同时实现文本线条印刷与插图网点印刷。

漫画，一门艺术

漫画是一种令人着迷的单色印刷品。漫画印刷表面看似简单，实则隐藏着高度的复杂性，需要丰富的技术经验。漫画的画面是由线条和大大小小的网点相结合构成的。要实现网点效果，传统的方法是使用网点纸手工进行贴网，但现在基本都是用电脑完成。网点的精细程度不同，有时会经过放大或缩小处理，因此可能会导致摩尔纹。为避免出现这种情况，我们不能进行灰度处理，为了让网点保持规律，必须使用位图（Bitmap）进行操作（没有黑白过渡差异），再将其存为".TIFF"格式文件。如果机器印压过程非常干燥，并且使用的是黑色油墨，便能实现良好的印刷效果。黑色油墨在不同纸张上会呈现出不同的冷暖色调，例如在一张带微黄底色的纸上用蓝黑色比用棕黑色能更好地突出对比度。

经过双色调处理的照片：
构成图片"骨架"的黑色加
一个潘通色。

在出版物中，除了黑色，你还可以选择使用潘通色中的海军蓝、棕色、深绿色或任何足够深的颜色进行单色印刷。颜色足够深是为了保证可读性，但也不能太深，否则会导致应用到文本时看起来和黑色没什么区别。

你需要印刷多种颜色：

* 双色

我们应该叫双色调模式（duotone）还是二色模式（bichromie）呢？这取决于你使用的软件：在法语版本的Photoshop中，使用的是"二色（bichromie）"一词，而英语的提法更多是用"双色调（duotone）"这个词（中文版Photoshop使用表达为"双色调"）。一张黑白照片可以在Photoshop中被分解为两个颜色图层（潘通色或四色），通过调整颜色曲线来获得预期效果。在 Photoshop 中，我们可以选择潘通色或四色作为第二种颜色。我们可以简单地选择四色油墨来实现双色印刷，如果更讲究的话，就要用潘通色油墨，正如艺术书籍中的黑白照片那样。

* 三色

由于印刷机有四个机组，你可以尽情发挥。如果允许的话，可以使用一个四色黑、一个潘通黑色（密度更高）和一个潘通灰色系列的配色共三种色调来处理照片。这是最精妙和最有质感的处理方法，但你需要

双色调的情况

双色调对于黑白照片印刷来说是较为理想的处理方式。制版师会创建两个图层，对应两个印版：一个印版上包含着清晰的画面与丰富的细节，这便是黑色图层；而另一个图层是潘通色，根据具体的灰度需求可以调整深浅或冷暖色调（冷灰色、暖灰色等）。潘通色会强化黑色的表现，并且可以丰富光线以凸显照片中的浅色部分与明亮处。我们甚至还可以为照片添加第三个元素：丙烯酸点对点上漆（见第192页），可以为黑色增加亮度与深度，使整体效果不会显得过于扁平。

不能踩的坑

潘通色油墨更贵，并且会减慢机器的正常运作进程。因此，如果只使用两种潘通色印刷，对方开出了与四色印刷一样的价格，请不要因此感到惊讶。

一个优秀的制版师来制作此类文件。而且这项古老的技艺还存在另一个限制：除了拿实际使用的纸张在实际使用的印刷机上进行测试，任何数字打样都无法反映真实的效果。

* 四色

四色印刷是最为经典的印刷工艺。你可以利用 CMYK 模式打印任何彩色图像。这也是迄今为止最流行的方法，它可以用于再现任何类型的彩色图像。

此外，你也可以使用四色印刷来处理黑白图像。

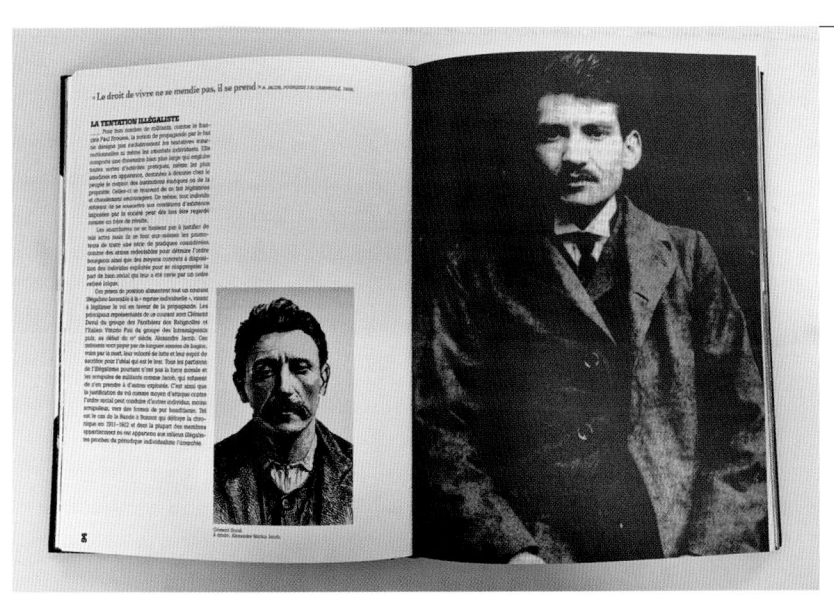

使用四色印刷的老旧黑白照片，保留了照片的原有色调。

L'insurrection parisienne ■ 51

四色印刷对于保留老照片的不同色调十分有用。

相反地，如果想在整本作品中将不同色调的老照片进行精确统一，可以对黑白文档进行四色处理。不同图像的三色部分存在差异，但作用都是强化黑色的部分，同时可以避免一些十分敏感的机器（2% 的颜色变动率）产生印刷结果的波动。这么做有两个优势：由于我们仍然使用 CMYK 色彩模式，我们可以在排版时添加彩色背景或其他彩色照片，不会由于需要添加第五种颜色而增加预算。

* 五色

存在几种可能性：

（1）CMYK 四色 + 一种潘通色：你可将四色处理的照片与双色（黑色 + 潘通色）处理的照片混在一起。潘通色还可以用作背景色和字体颜色，颜色效果十分稳定。

（2）CMYK + 一种清漆（用于保护整个页面或部分页面），仅用在图片框中。

（3）5 种专色（较少见）。

* 六色

CMYK+2 个专色：我们将其称为六色印刷，是一种由潘通公司开发的技术，通过添加潘通的两个荧光色（橙色 + 绿色或橙色 + 反射蓝色），可以扩大四色印刷的色域。

橙色特别鲜艳，某些绿色、紫色或钴蓝色也是如此，四色印刷很难重现它们的亮度。六色印刷能使印刷效果接近一个发亮的 RGB 屏幕的纯度和亮度，毕竟 RGB 的色谱几乎是 CMYK 的 2 倍。

* 更多颜色！

有的机器有 6 个、8 个甚至 10 个机组，允许同时进行正反面五色印刷，就像一台轮转印刷机一样，每一面都可以用四色印刷加一个专色印刷，有时也会使用清漆。

通过四色印刷重现统一
色调后的不同黑白照片。

这是一块用黑色油墨着色的清漆进行印刷的纸板。在右侧页面中，仅在图片所在区域进行了选择性上漆。

使用清漆的情形

我们常说的"在线"胶印上漆，指的是利用平张纸胶印机空闲的第五个机组为纸张涂抹一层清漆，可以有不同的操作方式。

整页上漆或保护性上漆：指的是将清漆涂抹在整个页面上，用于保护表面，使其不被油墨污渍污染，即油墨从一个页面转移到另一个页面时造成的污痕（见第195页）。当印刷好的纸张在机器出口的托盘上叠放时，就有可能发生这种情况。在装订阶段，这种情况更为常见，比如当印张被折叠汇集时或者当把书芯放在切纸刀上裁边时也会发生这种情况。刀片在纸张边缘施加的压力会导致油墨发生转移，要么是因为油墨没有完全干燥，要么是因为着墨过多，为了避免油墨过量，在印前工作中对四种颜色的油墨总覆盖率进行规划是十分重要的。

丙烯酸上漆：丙烯酸清漆是一种更丰满的透明光亮油墨，比普通的机器清漆更亮。

选择性上漆：指的是不在整个页面上应用机器清漆或丙烯酸漆而仅应用于插图部分。

注意：一块单独的印版可为书中所有的页面整页上漆，但对于选择性上漆来说，每个页面都需要制作第五块印版，因为要单独为每个页面的图像区域生成第二个文件。这么做可以同时防止油墨污渍，但更主要的是追求一种美学上的效果，目的是烘托和突出纸张上的图像。我们会选择在无光铜版纸上涂抹缎面漆或者光面漆，毕竟施加在光面纸上的清漆不会那么明显，而在胶版纸上几乎看不见。

点对点上漆：该方法与选择性上漆原理基本相同，但在点对点上漆时，制版师只会使用图像区域中黑色网点的部分来创建一个文件，通过增加对比度和亮度来突出、提升和加强黑色。

正确使用清漆

如果纯粹只为防止油墨污渍，是否有必要花钱使用清漆？

从质量的角度来看，千万不要简单地以为使用保护清漆是一个加分项！只会一成不变上漆的印刷商肯定不是世界上最好的印刷商。随着时间的推移，清漆会让图片效果变得扁平，让纸张纹理变得平淡无奇，让纸张颜色变黄。清漆实际上是一种预防措施，它契合的是以速度为导向而不是以质量为导向的生产逻辑。印刷人员希望通过清漆封住纸张上的油墨，便于之后进行装订，但也因此需要使用干燥速度较快的油墨，呈现出的颜色效果可能不够鲜艳。

相反地，有些油墨会在空气中氧化，一两天内自然干燥，但还能很好地留在纸张表面。使用这些油墨时，不需要通过上漆来"封锁"它们，但必须安排一个合理的印刷与装订进度表。显然，在HUV/LED胶印机上不需要上漆，这类机器可以使油墨立刻干燥，不会出现上述问题，尤其是对胶版纸来说。

多找人咨询，多观察别人提供的样品，提出正确的问题，才能知道上漆能否达到追求的效果，或者是否会导致产品存在质量问题。

印刷中的物理与化学知识

计算机技术的发展使得每个人都有机会临时充当制版师，但在印刷中情况并非如此，除要正确地准备印刷文件以外，遇到的问题还要复杂得多。在数字印刷中，印刷结果从某种程度上来说就是文件的"复印件"。但在胶版印刷领域，将文件内容转移到纸张上是一个复杂的过程，这个过程需要特别关注，并且要平衡客观规范与主观意愿。

因此，印刷人员必须非常谨慎与认真地处理收到的文件，他／她需要检查 ICC 配置文件的准确性以及随附的颜色校样的一致性，然后应用适当的加网线数（LPI）开始制版。

如前文所述，胶版印刷的过程基于水油相斥的原理。橡皮布将油墨从刻有印点的印版上转移到纸张上，并且印版上不同区域的水量和油墨量都经过准确控制。

这种平衡十分微妙，因为必须避免两种液体在乳化时混合。印刷人员还要添加保持纸张湿度所需的润版液，以及其他佐剂和溶剂。

我们必须清楚地认识到胶印油墨与水粉画颜料、墙面油漆不同……它是一种复合透明油墨，由以颜料、稀释剂、矿物油和植物油为基础的溶剂组成。颜色之间的细微差异是通过不同网点叠加时产生的光学效果实现的。稀释剂首先附着在纸张上，确保它能"吸墨"，吸收程度根据承印体会有所不同：涂布纸吸收速度很快，纤维"暴露"的非涂布纸吸收速度较慢，柔版印刷中使用的塑料纸吸收能力为"零"。

颜料涂层由矿物溶剂和佐剂结合而成，会停留在承印物表面，与空气接触时因氧化而干燥。干燥速度的快慢取决于环境的温度和湿度，但更重要的是取决于每种油墨的化学成分。速干油墨的设计优先考虑的是吸墨能力，在机器上能快速干燥，如果我们想尽快地折叠印张，这种油墨可以避免污渍转移的问题。相反，通过自然氧化干燥的油墨，即便是在非涂布纸上也能还原颜色的亮度和强度，因为颜料能完好地附着在纸张表面，但在这种情况下，我们必须在印刷纸张的正反面之间以及折叠印张之前预留一段干燥时间。

这是一个附带有测控条的印张，上面满满地标记了四种颜色和网点百分比，使印刷人员能在整个印刷过程中检查密度是否正确。

制版师使用的屏幕是根据标准光进行校准的，印刷商的机器也是一样，会根据密度、压力、网点增大率、湿度等一系列标准进行校准。

在印刷机出纸口的纸张上方可以看到一个测控条（barre de contrôle），印刷商会借助分光密度仪持续监控该测控条。测控条上有许多由 CMYK 四种基础颜色或者专色组成的小方块，并且在旁边标注了网点百分比与密度。密度衡量的是油墨层在纸张上的厚度。在涂布纸上，油墨能自然地停留在表面，无需太高的油墨厚度就能在视觉上呈现较好的密度。相反，犹如胶版纸这种"吃墨纸"，必须使用更多的油墨才能达到同样的视觉效果，而过度浸湿的纸很难干燥，容易出现油墨污渍。这就是为什么油墨量的问题不能放在最后解决容易，而是必须在印前阶段进行专门的处理。在印前阶段就要注意降低四层油墨的网点覆盖率。油墨总覆盖率降低时，我们可以使用更少的点、更少的线条即更少的油墨获得较好的密度。

同时，由于胶版纸没有涂层，会吸收更多的油墨，网点增大更加明显，印刷人员就会减少加网线数。在本书的第 98 页我们已经说过，必须在纸张、橡皮布对纸张施加的压力和要使用的油墨量（密度）之间找到恰当的平衡。如果在印前阶段已通过 ICC 配置文件正确设置了四个叠加层的总油墨量，那么印刷人员将调整加网线数并根据不同的纸张调整正确的油墨量和压力。一切都是相互关联的，请信任你的合作伙伴：告诉他们你想要什么，如果你不擅长技术领域的事情，请交由他们进行调整；如果印刷文件和配置文件由你本人负责，最好清楚地了解这个步骤的具体细节。

油墨污渍的例子：人物头发的
黑色可能承载了过多的四色油墨。

机器的校准与运转

当我们把印版装在机器上并将其启动时，印刷人员会对以下内容进行校准：

* 压力；

* 密度；

* 套准，也就是检查四块印版是否能完美叠加，印版微小的偏移不仅会造成图像模糊，还可能会改变整体颜色（见第176页至第178页）。

完成以上初步校准后，操作人员将考虑颜色的细节问题，借助彩色样张对印张进行校准，彩色样张能让印刷人员检查每种颜色的密度、灰度平衡和白点。

没有彩色样张时能校准印张吗？

如果没有向印刷人员提供样张的话，印刷人员将基于一般的通行标准对压力、密度和套准进行校准；符合国际标准的印刷一般都能在质量层面上保证有效印刷。

有时，我们仅提供几个范例样张即可，机器操作人员可以通过测控条校准整个印张，他们无需真正地深入每个图像的细节当中，因为制版师已经对所有图像进行了总体且统一的校准。

主要的参数校准完毕后，机器开始运行。印刷人员会使用几个印张检查校准的结果，这些不会用在最终出版物中的纸张被称为过版纸。在此回顾一下之前说过的内容，在印刷商的固定开支中，也包括启动机器时用于校准而耗费的一定数量的纸张。（见第 126 页）

在完成所有的校准并进行印刷测试后，机器将开始全速运转。在运转时，操作员并不是站在一边袖手旁观：

＊ 他／她要通过皮肤、天空、绿色或某些物体来评估颜色的整体真实性。

＊ 他／她要观察纸张平面上颜色的规律性，确保色彩统一均匀，不能因为印版或橡皮布的缺陷而出现磨损或划痕，如果发现问题可以立刻更换。如果某个背景色在整个作品中反复出现，他／她要保证在每个页面与每个印张上颜色表现的稳定性。很明显，潘通色的颜色稳定性更容易掌控，无论在什么地方，只需要以相同的密度打印即可，而基础色（CMYK）是由基础颜色组成的，要更为仔细地监控它们的整体平衡。

＊ 他／她要检查灰平衡，目的是不让某种基础颜色在背景色中过于突出。

＊ 他／她要保证高光的水平以及明亮颜色中细节的可辨认性。

＊ 他／她要检查跨页图案是否能够正确拼接：

有时两个页面分布在同一印张的不同区域上，有时它们分布在完全不同的两个印张上，这两个页面的拼接（也称为"对称"）是让印刷人员头疼的问题。可能会出现这种情况，我们要增加一幅插图的密度，这么做会改变图像的色调……可插图的另一半与另一个图像处于同一个着墨带上，而后者需要降低密度。因此，印刷人员要用一种全面的视角看

✿ 诀窍

在胶版纸上印刷时，有时会出现一些印刷缺陷，这些缺陷在制版师提供的打样上并不是那么明显，例如光圈的存在、同一种颜色的不规律呈现、渐变或高光中的色彩断层或者完全异常的密度。我们有办法知道这些缺陷是来自文件还是来自纸张：在保持机器校准设置不变的情况下，让印刷人员使用一个到两个铜版纸印张过机。如果缺陷仍然存在并且更明显，则说明是文件的问题，而制版师提供的校样没有突显这些缺陷。反之，如果缺陷消失，那么问题就在于纸张……在胶版纸上出现问题但在铜版纸上恢复了正常，这表明你可能向印刷人员提供了使用错误颜色配置文件的文件和样张。

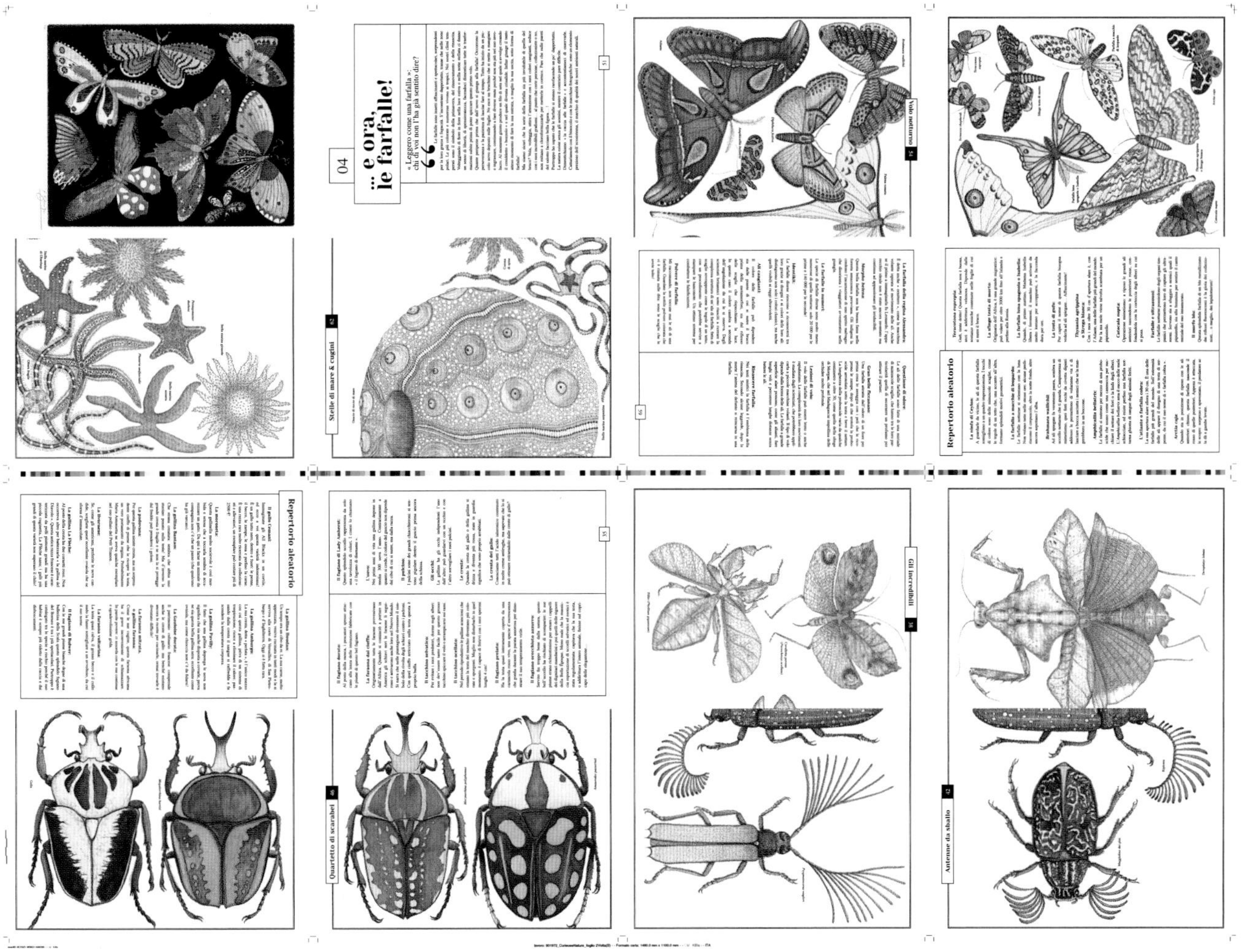

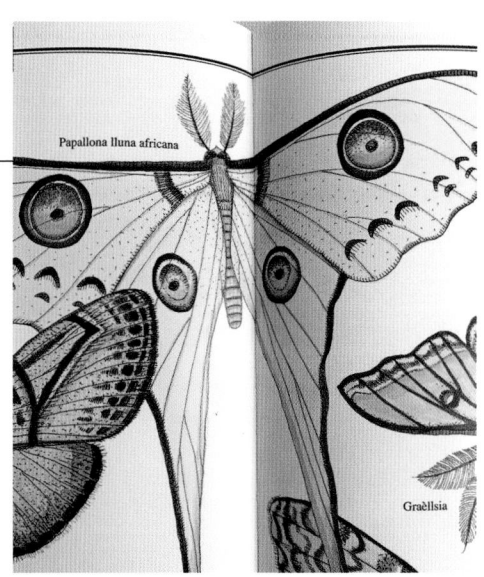

在一个印张上，跨页图片的两个部分并不在同一个着墨带上。

但最终拼接成功。

待工作，避免做出不可挽回的决定。机器的印刷尺寸越大，一个印张上的页面越多，需要权衡的地方就越多，尤其是在图片拼接方面。

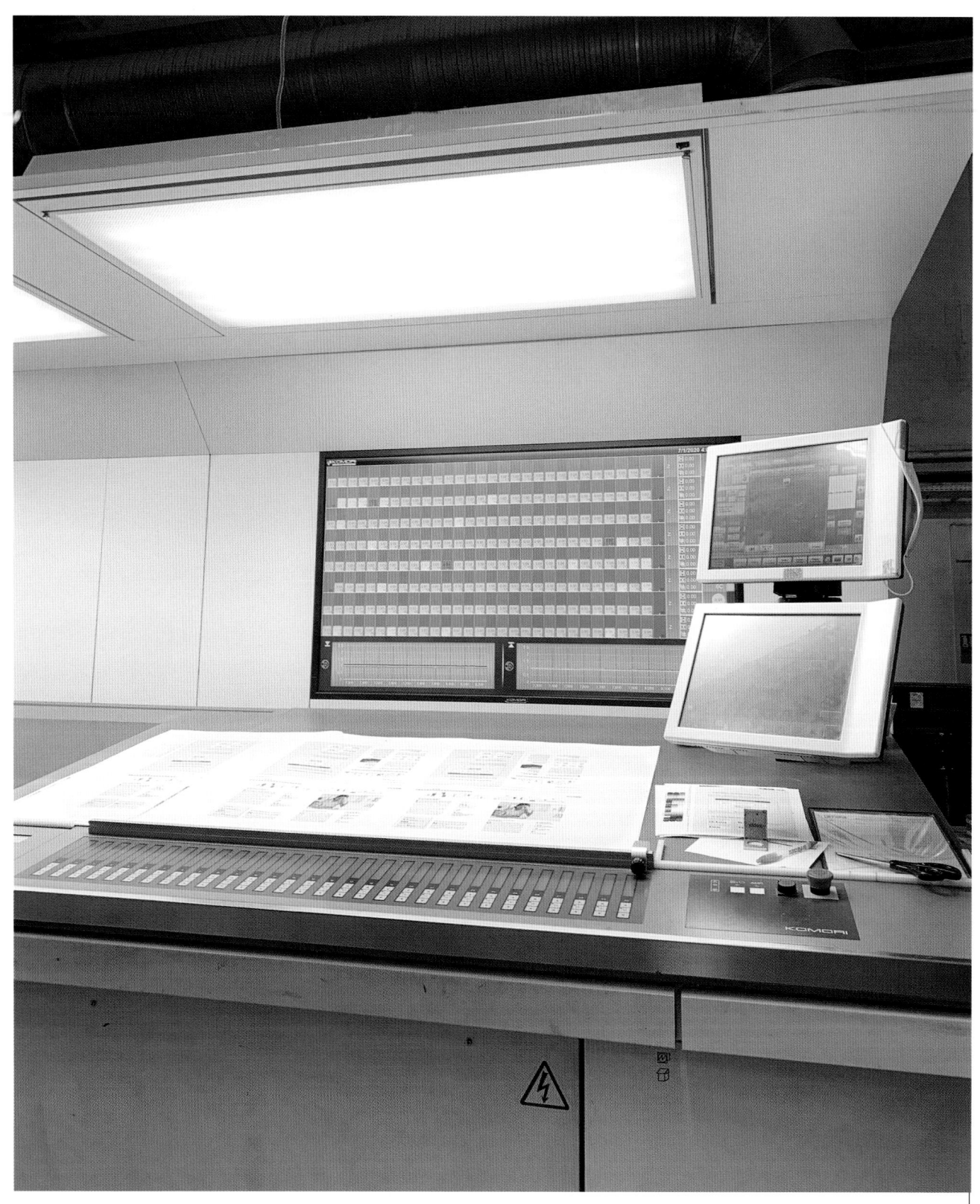

图中像"钢琴"一样的区域是印刷控制台，它的
其中一个功能是能够精准地调整垂直方向的着墨带。

如何在机器上给出清样？

当完成了机器使用校准并验证印刷结果与打样一致后，机器操作人员可以向客户展示校准后的印张，并为主观性的修改预留了一定的空间：可以是你自己的主观想法，也可以是项目授权人的想法。你可以提出一些自己的观点，选择更改对比度或者优先突出某些图片的色调。你只需要说出整体的感受，剩下的让操作人员在他／她的"钢琴"（即控制台）上修改即可。

当你站在一台正在印刷的机器面前时，它的运作速度快到足以令人啧啧称奇，但也可能会给你带来少许压力：对于文件中的图片真实性，印刷商可以通过参考模拟印刷用纸的彩色样张尽量地去还原，可一旦出现问题，无论在什么情况下，你都不可能突然停下机器，去彻底修改你已经在制版师那里确认过的内容。在印刷时，你所拥有的操作余地仅限于修改几个参数：

* 在制版时，我们可以对图像进行逐张处理。但在印刷时，多个页面会以平行的条状形式一个接一个地摆放在印张上。根据印张的宽度，我们可以调节上墨率，即利用墨斗开合程度的不同较为精确地调整每种颜色在印张某个部分的载量。

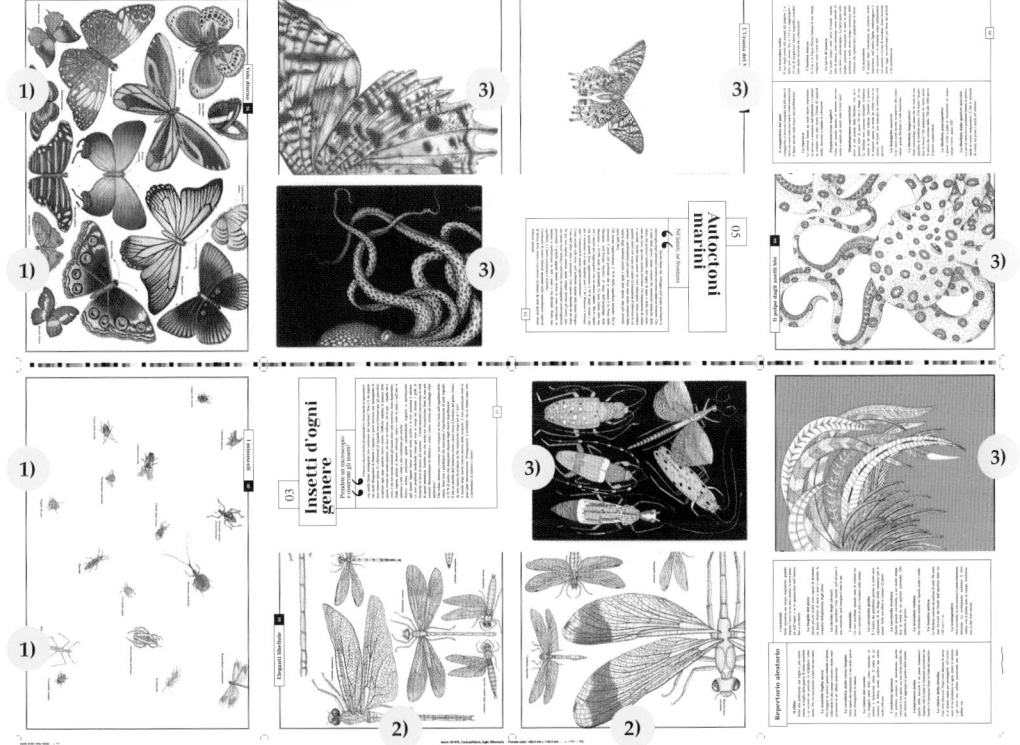

真正的跨页图与拼接图。

这个印张展示了三种不同的情况：

（1）两张位于同一条着墨带上的真正的跨页图。

（2）位于两条不同着墨带上的拼接图。

（3）其中这6个页面的"另一半"位于另一个印张上：印刷人员要校对之后的印张以保证这6个页面的正确拼接。

印刷人员正在比对制版师提供的彩色样张。

这个部分我们称之为着墨带（bande d'encrage）。显然，我们只能通过着墨带进行垂直方向的操作，如果要改变一张图像的密度或者色彩平衡，整条着墨带都将受到影响。因此，操作员的技术就体现在如何让位于同一个着墨带上的两张图片实现平衡，使其尽可能地接近样张，同时还能保持整体的一致性。

* 你还可以要求修改或加强对比度、颜色饱和度、黑色的密度等。请注意，部分标准为每种颜色的密度设置了最小和最大阈值，当印刷人员建议你不要超过这些值时，你最好不要固执己见。否则，可能会导致上墨过度或者在油墨干燥时失去一部分颜色的表现力。

什么是"脏污纸"（macules）？

在机器转动时，印张接连从机器中出来，但它们不符合你的要求。操作人员会把这些纸张堆放到一边，只有当你对印刷结果完全满意并签署了"同意付印"以后，他/她才开始真正的印刷。在印刷术语中，这些过版纸通常也被称为"脏污纸"，它们后续还会用于校准机器与装订测试。你有时会意外地在印刷品中发现一些可怕的问题：污渍、重复的文本、套印错误等，这并不是不可能的事情。请不要惊慌失措，让印刷商检查一下：很有可能绝大部分内容是正确的，只是一些用于校准的纸张无意间滑进了样书中，毕竟除去脏污纸靠的是手工操作，有时难免出现失误。

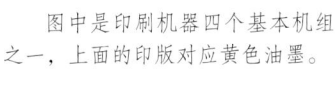
图中是印刷机器四个基本机组之一，上面的印版对应黄色油墨。

* 如果你对印刷结果不满意，请不要闹情绪，尝试理解操作人员做出的解释。不要在负责操作机器的人员面前显露怒色，更不要对机器发火，毕竟机器也需要遵守自己的生产节奏。

在整个打印过程中，操作人员会监控印张是否能被稳定印刷，他或她会借助密度仪进行定期检测，以了解可能出现的偏差。

管理和补救失误

请记住这句话：没有主意也没有估价时，别丢掉任何东西！生产过程中不尽人意之处会让人心生厌烦，你需要克服障碍，承担错误，寻找替代方案。即便每个阶段你都仔细进行了确认，但失误总会从某个地方悄悄钻出来影响你的产品质量。请别担心，在生产过程中我们还有补救失误的机会，甚至在生产结束后也有办法。

 恼人的问题

在印刷过程中还能更换纸张吗？

能，也不能。有时由于印刷结果没能令你满意，一种追求完美的欲望会让你觉得周身不适。但请别忘记，印刷结果取决于印刷前图像的处理方式以及生成的印刷文件。如果你最初的目的是使用胶版纸印刷（纤维暴露、多孔、无涂层），并且印前使用的配置文件是一致的（非涂布纸），这意味着印刷人员会采用较"松"的加网线数（133线），如果此时更换为涂布纸，仍然可以适应以上配置。你可能很难再现某些精细的细节，但与模拟胶版纸的打样对比，可以获得一个更明亮和更鲜艳的颜色效果。反之，如果你之前计划使用涂布纸的配置文件，印刷人员将采用更密集的加网线数（150或175线），一旦换成胶版纸，由于网点数量较多，它们会在多孔的纸张上异常扩散，这样会导致印刷结果过于暗淡，网点过于密集，细节与光线丢失。

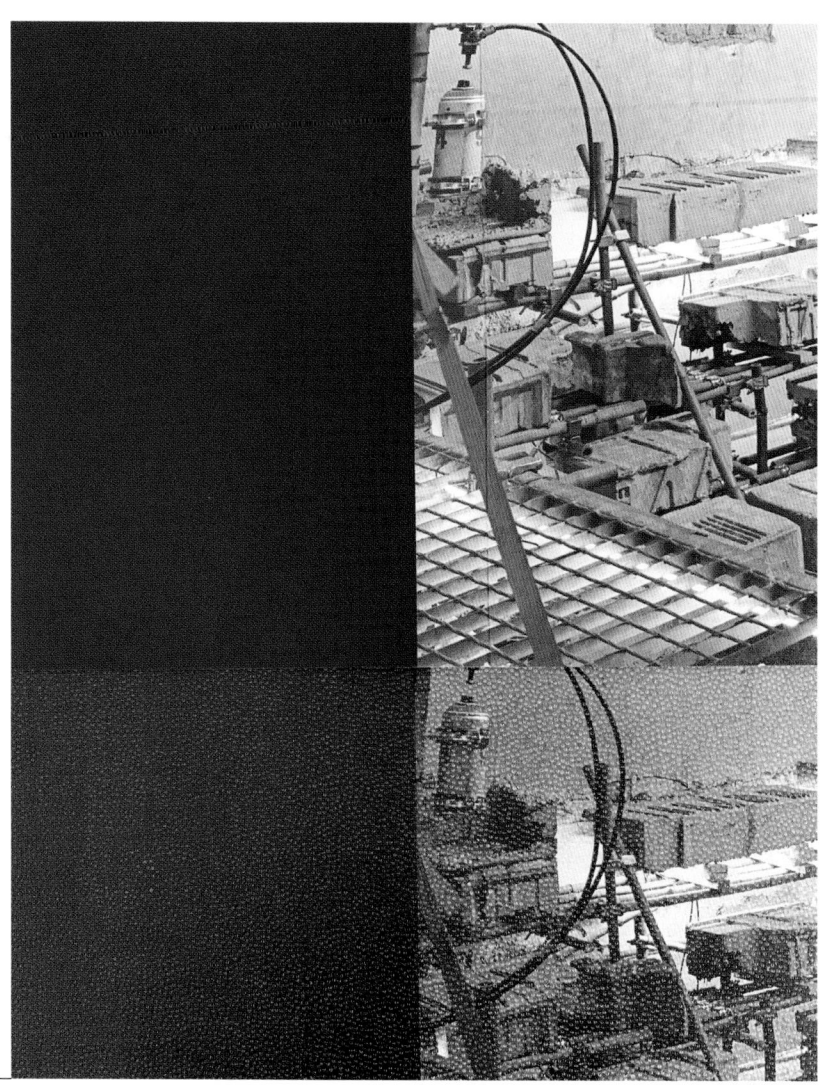

如果纸张的压花出现了问题，如右图中这种情况，万不得已时你可以选择把画面印在纸张的背面，即光滑的一面。

举个例子：你在装订前收到了样张，但你发现了很明显的异常之处。可能出现在颜色校准方面（印刷人员在拼接横跨两个书帖的跨页图时出现了失误），可能出现在文本方面（不凑巧搞错了公司总裁发言的开场白），也可能出现在排版方面（由于最后一刻进行了修改，在更新页面时导致某个印刷字体丢失）。

任何意外都有可能发生，但这并不意味着必须要丢弃所有的印刷品。在此有两个问题需要面对：如何纠正错误以及谁来为此买单。

在大多数情况下，责任一般是双方的。即便是设计师或制版师在最后一刻修改时手滑，搞错了 PDF 文件，但是检查和核准每个步骤都是你的责任。

如果错误是印刷人员造成的，请不要表现得太苛刻，而是要确保他/她能纠正错误并及时补救。如果错误是你造成的，请尽可能展现出友好的态度，使印刷人员只收取你的材料费，而不增加其他的费用。在任何情况下都要保持良好平和的态度进行协商，这样才能够合理地分担超额支出。

检查清单

协调印刷

- 根据审核过的报价单制定订单
- 确保已下纸质订单，并支付必要的预付款
- 遵守进度计划表，在各个不同阶段进行实时监控
- 按时发送文件和制版的样张
- 检查规矩线，签署"同意付印"意见
- 检查印张是否正确，签署"同意装订"意见
- 告知包装和运输说明，以及交货地点的联系人
- 提前检查并确认样本
- 检查并确认发票

机器操作中需要注意的地方

套准、跨页图拼接、墨渍、彩色背景、密度、对比度、颜色、摩尔纹、锯齿

4

装订与装帧

聊一点点历史，如果说从莎草纸到动物皮纸再到现代纸张的转变使得书籍的历史发生了巨大的变革，那么在此之前，另一个关键转变已经决定了它的发展：大约在公元 3 世纪时，人们放弃了卷轴，转而使用成册的抄本。

抄本（或称手抄本）由一个或多个书帖组成，读者可以自由翻页，可以随时中断和继续阅读。这种页面衔接的方式还可以对文本进行索引，方便轻松查阅。抄本与现代的装订形式基本一致，它使读者从卷轴的连续线性阅读中解脱出来，并且卷轴一般比较脆弱，容量有限且不便收纳。

正如我们这个时代中某些贬低电子书籍的人一样（即便带着一整个书架的书和字典去度假十分不方便）。在中世纪时，基督教徒们拒绝接受由中国人和阿拉伯人制造的纸张，抄本长期以来一直被古代知识分子所鄙视，甚至被当时的神职人员严令禁止。然而，因为急于传播他们的宗教思想，早期的基督徒还是采用了这项新技术，通过福音书的传播保障了这项技术的广阔发展。

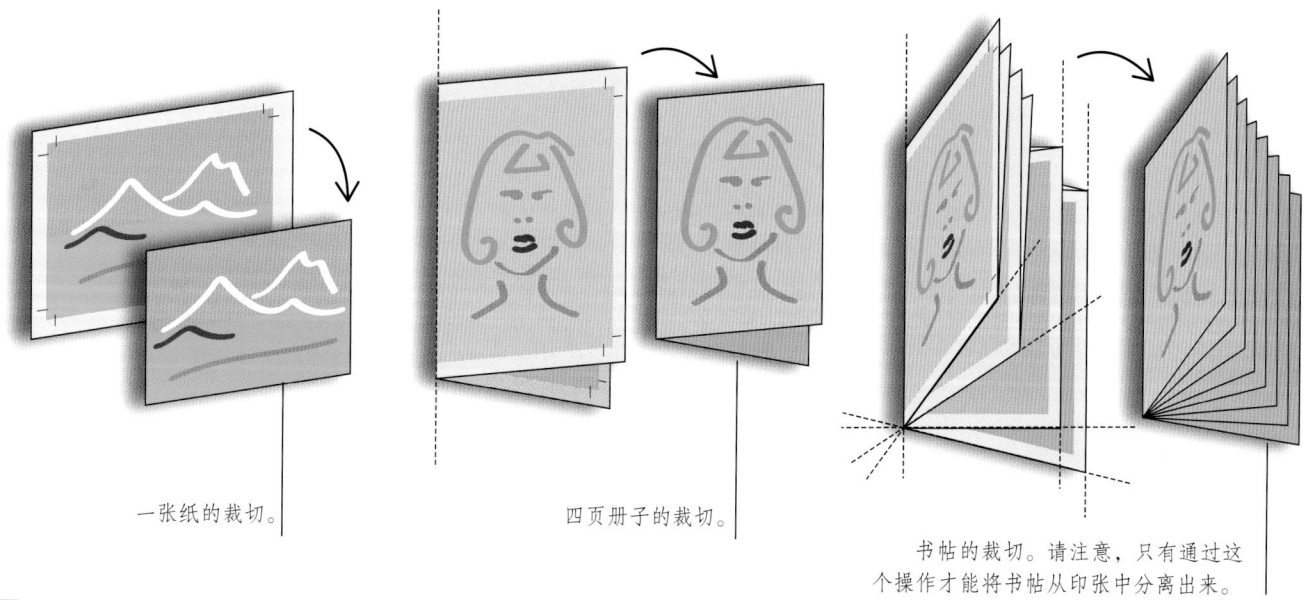

一张纸的裁切。

四页册子的裁切。

书帖的裁切。请注意，只有通过这个操作才能将书帖从印张中分离出来。

裁切

在法语中，装订被称作"成型"（façonner），指的是赋予印刷品最终的形状。裁切是装订的第一步操作，有时甚至是唯一的操作，具体取决于是否要将产品的页面连接起来。

裁切这一步骤是必不可少的，它用于：

* 边缘裁切，如果印张上只有一个印刷内容且占据了整个印张，我们要做的是将印刷内容以外的四个白边（或称出血）切掉，例如大幅海报（始终保持摊开）或者服装纸样、公路地图（随后要进行折叠）等；

* 对印张进行一次或多次切割，将独立的印刷内容分开，将一张纸分割为多个部分（明信片、小海报、传单等）；

* 裁切由小型印张折叠成的书帖；

* 将大型印张裁切成条，然后将它们分别折叠成多个书帖；

* 裁切宣传册的三个边，书帖和封面已经事先拼装完毕。

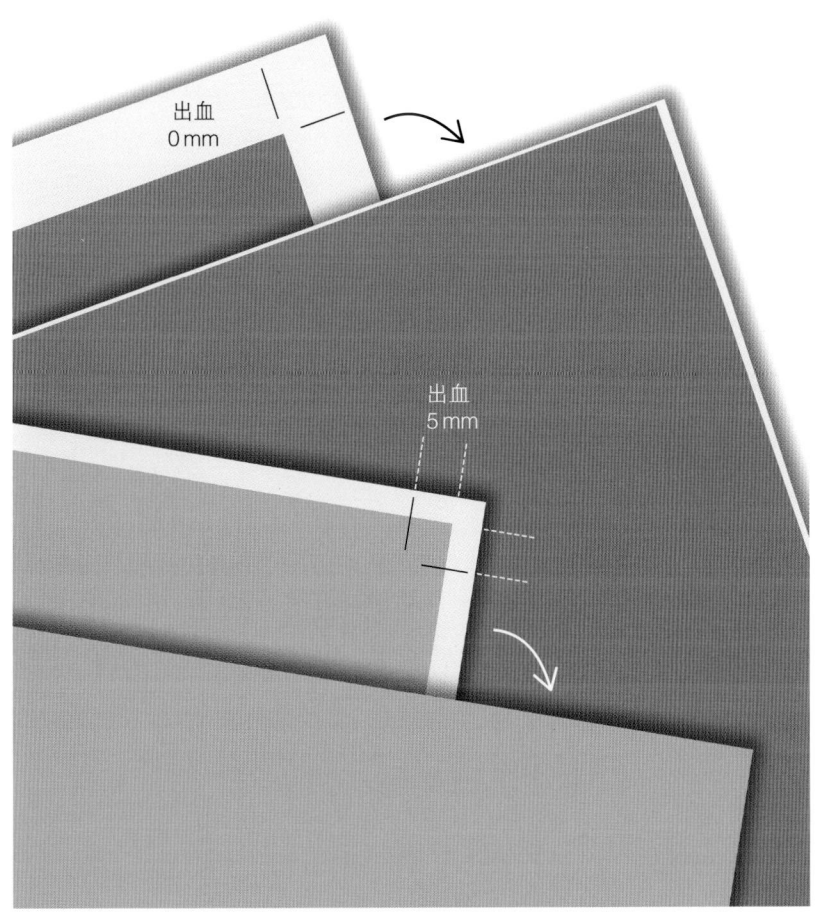

不能踩的坑

再次说明，裁切边缘（rogne）指的是在每个印刷内容的四个边上预留的 3 毫米到 5 毫米的空隙，这些内容随后会被分离出来，形成单独的一张纸或者用于配帖的双页面。

你必须在准备文件时就要为每个页面预留好这个空隙，印刷人员会将其纳入拼版当中，由此可以知道它的重要性。

众所周知，切纸机这种机械装置是存在一定偏差的，在允许范围内的偏差是可以容忍的。如果我们把一张张明信片紧密地排列在一起，移动的刀片可能无法准确地切割到它应该切割的地方，导致一部分图像连在一起。

相反，如果我们在图像周围预留白边而不是让图像溢满，刀片如果切得远一点，就会露出一条白色条纹。

因此适当地延伸图像或彩色背景对于裁边来说是非常重要的。

折叠好的书帖与压完
线的封面拼装在一起。

一张 350g 卡纸
的压线和折页。

折页

对于超过两页的纸张（双折贺卡、说明书、文件夹、封面等），装订则意味着折页，甚至需要压线。定量超过 200 g 的纸张硬度过高，无法顺利地通过折页机，因此折页前需要先软化或破坏其纤维，对于塑料承印物来说也是如此。在进行实际的折页操作之前，必须在折叠处制作一个凹痕。

很明显，我们不能在需要折页的侧边添加出血。并非所有的印刷品都是简单的一张纸，更常见的是一系列的 4 页书帖，甚至在大多数情况下，书帖一般超过 4 页：8 页（很少见）、12 页、16 页、24 页，甚至 32 页或更多。书帖的分页数量受限于纸张的厚度。

根据纸张类型进行折页

定量	按纸张类型划分折页数		
	胶印纸	涂布纸	亚光松厚纸
250 g★	4	8	4（压线）
200 g	8	8	8
170 g	16	16	16
140 g—150 g	16	24	16
130 g—135 g		24	24
120 g	24		
115 g		32	24/32
100 g	32	32	32
90 g	32	48	32
80 g	32	48	48
70 g	48	64	48

★ 定量大于或等于 250 g，必须对纸张进行压线处理后才能折页。

书芯

一说到折页就肯定会想到书帖，当书帖数量大于等于两个时，我们要将它们缝合、粘贴或者订在一起，使其形成一个书芯，并为其装上封面。

摆在我们面前的是一系列编排好页码的双页面纸，它们是通过将每一个印张折叠成一个或多个书帖得到的。连续的双页面纸上往往存在跨页现象。即便一连串的跨页图片看起来没什么不同，但请记住，"真正"的跨页是指拼版时跨页的完整内容全部被放在印张上，如此才能真正呈现你在电脑屏幕上看到的内容。而其他的情况被称为"假跨页"，它们是在折页后才并排出现的两个完整页面，"假跨页"会产生几个后果：

* 打印过程中的拼接：任何一个优秀的印刷人员都需要十分注意这一点，他 / 她必须确保位于不同着墨带上的跨页图的两部分能正确衔接。

（见第 197 页和第 199 页）

拼接正确的"假跨页"示例。

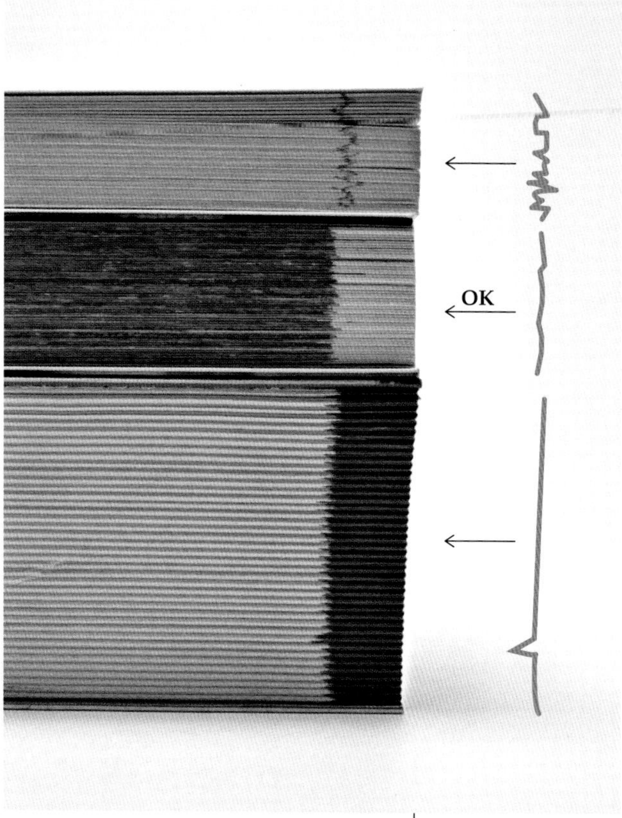

最上面的一本书由于纸张厚度导致出现错位，最下面的一本书在书帖折叠时出现了偶然错位。

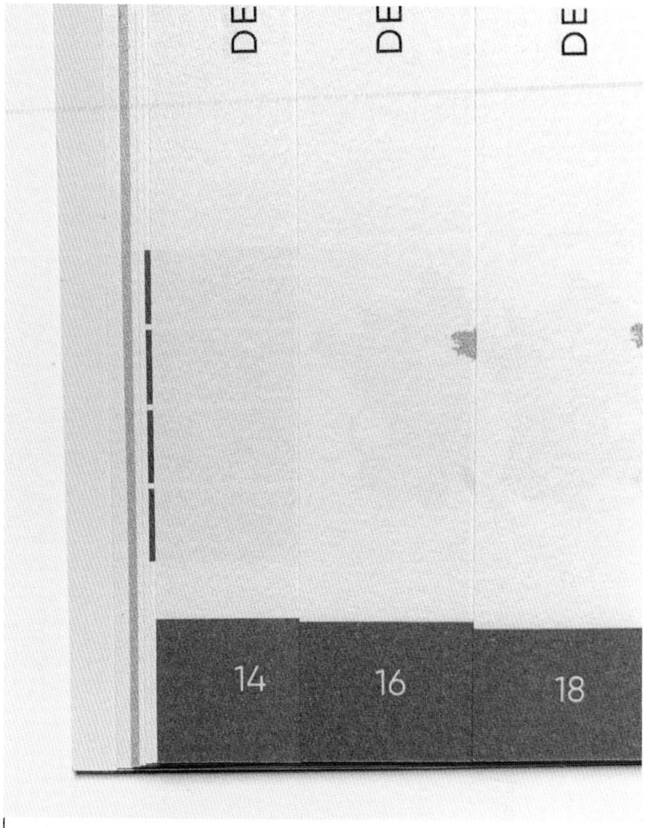

彩色区域的垂直偏移。

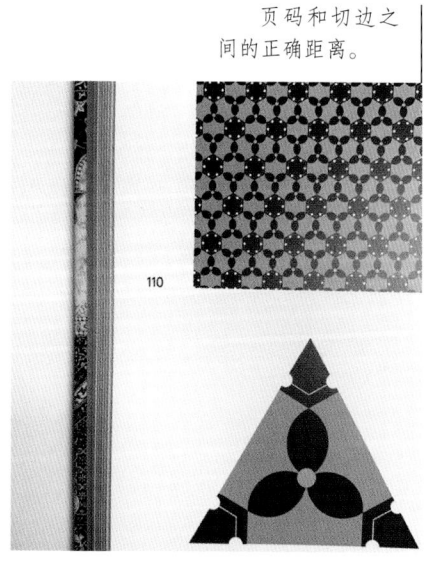

页码和切边之间的正确距离。

* 装订过程中的拼接：在书帖折叠与配页时需要特别小心，应该最大限度地避免产生偏差。图像错位的原因很多，可能是折页机没有正确校准，也可能是纸张太厚，又或者是书帖的页数过多，还有可能是书帖内外与上下之间形成的偏移造成。这就是彩色区域很难完美对齐的原因。

* 正确安排图形元素：与前两种情况相反，这一步操作主要取决于你本人。你必须恰当地摆放好图形元素，以免你的创作意图被装订技术所限制。请记住，大多数情况下，折叠线位于图像的正中，在电脑屏幕上是看不见的，一旦被印刷出来就会变得很明显，甚至令人感到不太舒服。因此，要避免将总裁的肖像、电影明星的鼻子或价格、编号居中放在一张跨页纸上，更不要说文本了。上述元素的全部或部分内容都有可

不能踩的坑

就像裁切一样，折页也不是百分百
精确的。根据纸张的厚度和使用的机器
不同，可能会出现折页不规则或折页有
瑕疵的现象。

左图中，我们可以看到一幅错误拼
接的"假跨页图"。此外，文本要避免
延伸到书芯与封面内页的跨页上（下图）。

能会在这个被印刷业戏称为"百慕大三角"的区域（即折叠区域）中消
失得无影无踪，有时在商业层面上会造成负面影响。当边框、铅条装饰
和页码接近切口时要特别注意，正确的做法是将它们放置在离切口 1 厘
米的位置。图形元素越小，离切口越接近，它的位置就越容易产生波动，
在经过折叠与裁切后，这些元素会变得参差不齐。如果将铅条装饰放在
距离切口 4 毫米到 5 毫米的位置，折页时如果偏移了 1 毫米，每一页的
铅条宽度都会变得不一样，最大的差异可达线条尺寸的四分之一，这肯
定会被人察觉到的。

平装

对于数字印刷或者办公室里复印的印刷品来说，我们只需要将印好的一张张纸聚在一起就形成了书芯，然后通过胶水、梳式胶圈或者双线圈（或称 YO 线圈）将其固定起来。

普通的胶印机，特别是轮转胶印机，会受到书帖的限制，因为印好的书帖要经过折叠再进行配帖。

而平张纸印刷机则为书帖的分页提供了更大的自由度，可以任意地改变分页并能混用不同纸张。无论是哪种情况，主要的装订方式有以下几种。

嵌入式书帖：钉装书脊（骑马订）

我们将书帖一个接一个地嵌在一起，必要时为配好的书帖装上封面，然后在这个"超级书帖"的折叠处钉上两个或多个钉子，书帖就像架在马背上的马鞍一样保持打开，装订好后再进行裁切。

这种装订方式通常应用于页数较少的免费小册子和商品目录，适宜使用比较薄的纸张（80 g 到 100 g）。但一些优质出版物为了追求特殊的效果，也会牺牲页数以换取更高的定量与松厚度。骑马订书帖的最大厚度不能超过 6 毫米，可以是 120 页 115 g、0.85 松厚度*的半亚光铜版纸，或者是 80 页 150 g、1 松厚度**的胶版纸，再或者是 80 页 115 g、1.3 松厚度***的亚光铜版纸等。如果你想跨越 6 毫米的限制以追求特定的美学效果，你可以考虑放弃装订，就让书帖保持松散的状态，只将它们嵌在一起，正如著名的杂志《自我主义》（Égoïste）做的那样。当然，最好能加上一个腰封，而且必须进行独立的薄膜包装以固定整体，便于分发。

透明纸张制成的腰封，中间有一个黏合点。

诀窍

有时可以通过选择订书钉的颜色来制造所追求的设计效果。

钉装后的册子。

计算书芯的厚度

这只是一个理论计算方法，它适用于所有的装订类型，通过计算可以让你对印刷品的外观有一个大概的印象。我强烈建议你向印刷人员询问精确的数字，并索要一本空白样书，如此才能真正地检查书籍的尺寸，还可以体会到印刷品拿在手里的感觉。要计算一个书帖或整个书芯的厚度，先用纸张定量除以1000，再乘以纸张的松厚度，然后再乘以页数的一半：

* （115/1000）×0.85×（120/2），总共 5.87 毫米。

** （150/1000）×1×（80/2），总共 6 毫米。

*** （115/1000）×1.3×（80/2），总共 5.98 毫米。

不能踩的坑

一个接一个地嵌入书帖有可能会引起排版的水平偏移，偏差值很轻易就会达到2毫米或3毫米。印刷机上配备有一个软件，能根据偏移量重新计算拼版，有助于解决这个问题。但在排版时最好避免把有色带状区域放在垂直侧边上，否则在折叠和裁切时可能会出现宽度变化。

上方是线装书芯，下方是胶装。

叠放式书帖：方形书脊

要制作方形书脊的平装书，有两种方法：

* 胶装：完成配帖后，书脊部分要经过铣背处理，即借助金属铣刀铣削书脊，铣刀将折叠书帖的书脊削掉几毫米，使胶水渗透进去，然后紧接着在上好胶的书脊上套封面。

* 线装：完成配帖后，通过机器用缝纫线将它们缝合在一起，然后在装订线上把缝制好的书芯和封面连接在一起。这类书芯也适用于精装书的装帧线，我们将在后面提到。

请记住，在完成所有加工工序之前，书帖一直处于封口状态，因为它们由印张折叠而成。在最后的装订阶段，在装好封面并与书槽黏合后（见第214页和第215页），切纸刀会裁切封面和书帖的三个边，最终将其变为一张张可翻阅的纸张。

不能踩的坑

铣背这个操作会在每个跨页的正中削掉2毫米到3毫米，印刷人员借助重新计算拼版的软件来控制这项操作，但更为谨慎的做法是预先进行拼版检查。

裸脊式线装

　　显而易见，如果没有封面就不可能对书籍进行胶装。所谓的无线胶装就是在不使用线的情况下，使用封面来固定书芯。但相反地，我们能否设计一种通过外露锁线缝合书芯的装订方法呢？千万不要以为只把封面去掉就可以达到这个目标！我们仍然会使用胶水，但胶水颜色不能是白色而是透明的。至于封面，要不是整个去掉（如果纸张很薄，会使书芯外部变得脆弱），要不就是只保留封面上下两个较厚的平面卡纸部分，以手工方式将其粘贴在第一页和最后一页上。因此，这是一个非常复杂的装订工序，只有少数专家知道如何操作。如果你找到其中一个专家，不妨对其献献殷勤，让他/她尝试使用不同颜色的缝线，让书脊显得更有活力。

不能踩的坑

如果你一直都在扁平的电脑屏幕上查看书籍的排版，而不是真正地去观察或触摸实物，那么印刷结果可能会令你大失所望。

当同一张图片从封面的内页延伸至书芯的首页或末页时（例如杂志上的跨页广告），图片的中心部分很有可能陷入胶装的粘贴处。为了避免这个问题，需要在印前准备时为每个页面的折叠处预留大约6毫米的空间。

请务必在确定产品的尺寸和书脊厚度（最大8厘米）之前向服务商咨询装订流水线的最大和最小尺寸。

不管是经过铣削还是用线缝合，平装书的书芯会进入装订流水线装上封面，利用胶水将封面固定在书脊以及第一页和最后一页6毫米至7毫米的垂直部分上。然后，用钳子向黏合区域施加压力，以固定整体。这道工序被称为书槽黏合（我们也可以制作没有黏合书槽的平装书，但需要特别谨慎，具体请咨询相关专家）。

如何制作方脊平装书的封面？

对于一本普通的平装书来说，封面的尺寸和书芯的尺寸相同。在创建印刷文件时，就必须知道书脊的厚度。你可以从印刷商处获得这个信息，之后只需在封面周围和内页周围预留5毫米的裁边即可。反之，如果你为书本设计了勒口，书芯与封面的两个折叠处会有少许的距离。在这种情况下，请向印刷人员索要封面的规矩线，以便对图形元素进行微调。

线装还是胶装？

线装书并不一定总比胶装书更牢固。确实，对于定量超过130g的纸张（尤其是涂布纸）来说，缝合线能保障书籍翻阅的灵活度，并且能在较长的时间内保证书芯的牢固性，胶水也可能会粘起纸张表面的矿物层。相反地，多孔纸（胶版纸）没有涂层，能与胶水"融合"在一起。当纸张比较厚时，胶装的方形书脊尤为牢固。通常，书芯的牢固性与其说取决于缝线，不如说取决于所用胶水的质量。经过一段时间后，所有的胶水都会或多或少地干燥和开裂，除了PUR热熔胶，它可以保证书芯拥有类似线装的灵活性和坚固性，但它有一个缺点：PUR热熔胶含有氰化物，使用条件比较特殊。如果书脊很薄，而且封面的卡纸不是很厚，更适合采用方脊胶装，由于没有缝合线，看起来更简洁。

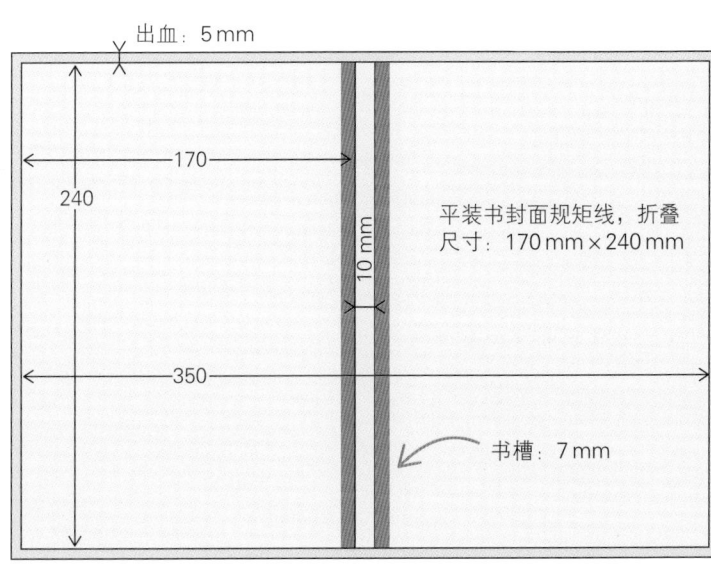

出血：5 mm

170

240

10 mm

平装书封面规矩线，折叠
尺寸：170 mm × 240 mm

350

书槽：7 mm

线装平装书，封面附
带大型勒口（全勒口）。

勒口应该比封面短。

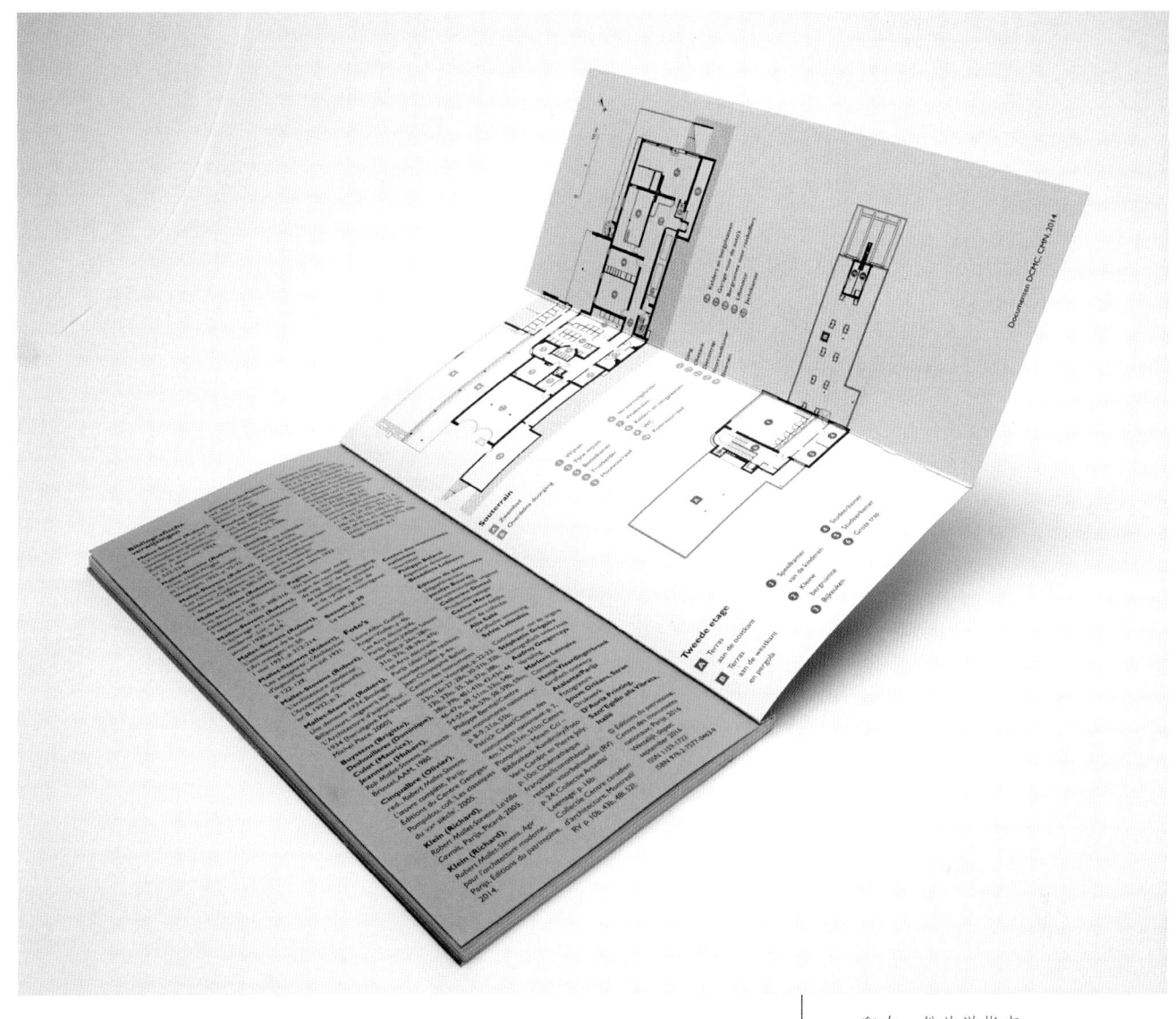

印在一份旅游指南
内侧勒口上的景点平面
图。请注意，封面上可
以只有一个勒口。

　　无论是否使用缝线，平装书通常都有一个用纸张或卡纸制成的封面，封面上可印内容也可以不印，但不能过于坚硬，纸张或卡纸的克重不定，但很少超过 350 g。

　　封面可选择是否增加勒口，勒口尺寸各有不同，可以很大（例如全勒口，英语：full flaps），相当于将封面的表面面积增加了 2 倍，但勒口必须比封面至少短 1 厘米，因为书槽部分会占据 7 毫米。勒口具有结构上的功能，使封面更具格调也更为实用，方便人们立刻找到信息，正如一些旅行指南的勒口那样，又或者纯粹只是为了达到美学效果，比如那些充满想象力的变体勒口。

两个勒口的方向可以
不同，一个向外折叠，另
一个向内折叠。

封面与勒口之
间裁切形状的叠加。

不能踩的坑

稍后我们会谈到，在坚硬封面的书脊上加入布料（或其他材料）是很容易做到的。但在平装书上这么做却需要纯手工操作，这就涉及操作失误和成本问题。

用一种不同的纸作为第二封面套在封面上。

在装订流水线上安装带勒口的封面可以分几个步骤完成（裁切书芯的侧边，粘上封面，裁切天头和地脚），或者可以直接在专门的机器上完成，机器会打开已经黏合好的封面，裁切其侧边，然后再裁切天头和地脚。

我们还可以为平装书添加一个与第一个封面尺寸相同或更小的第二封面。然而，这当中存在许多技术上的陷阱：连接材料的性质、纸张的硬度、胶水的类型等，如果你没有从服务商处获得足够的信息，这些技术上的限制可能会导致失败。

叠加两张坚硬的卡纸后出现脱页现象。

书芯的变体

在配帖的流水线上，一个配备刀具与吸盘的系统会从中间打开书帖，进行缝制操作，也可以插入与嵌入折页等。了解这个机制有助于知道哪些操作可以利用机器自动化完成，哪些只有通过手动或半手动干预才能实现。这些标准既适用于平装书，也适用于精装书，因为这一步只涉及书芯本身，还未涉及装帧。

哪些操作可以自动完成？

* 更换使用不同纸张的书帖。当然，纸张的变化要预先纳入页面轨道图（chemin de fer）中。

* 插入分隔两个页面的书帖：实际上就是在每个 8 页、12 页、16 页的更厚的书帖中插入一个 4 页书帖……插入的页面使得书帖之间产生了规律的间隔，这当然也要受到页面轨道图的限制。

* 插入 4 页书帖或折页。前提是它要位于书帖的开头，因为要用胶线把这个 4 页书帖固定在相关书帖的第一页或最后一页上。

不同纸张构成
的一套书帖。

＊ 将 4 页书帖嵌入更厚的书帖中。两者的底边长度必须一样。

＊ 在书芯中插入一个或多个尺寸小于主书芯的书帖。只有当小书帖位于大书帖的开头或结尾以及满足以下条件，才有可能这样操作：

＊ 底边小于书芯的底边：可以操作，前提是与书芯底边对齐；

＊ 高度低于书芯的高度：可以操作，前提是与书芯底边对齐；

＊ 底边和高度都小于书芯：不能操作，但仍然可以选择手工操作，只是费用高昂……在某些亚洲国家可能可以做到。

不能踩的坑

如果插入大量比书芯更短的书帖，书顶和书根的最终厚度会有很大的差异，千万不能小看这个问题！首要的解决办法是插入非常薄的纸张。先计算无折页的书脊厚度（见第 211 页），再计算插入页面的厚度，通过数学计算的方法来判断自己是否在异想天开。

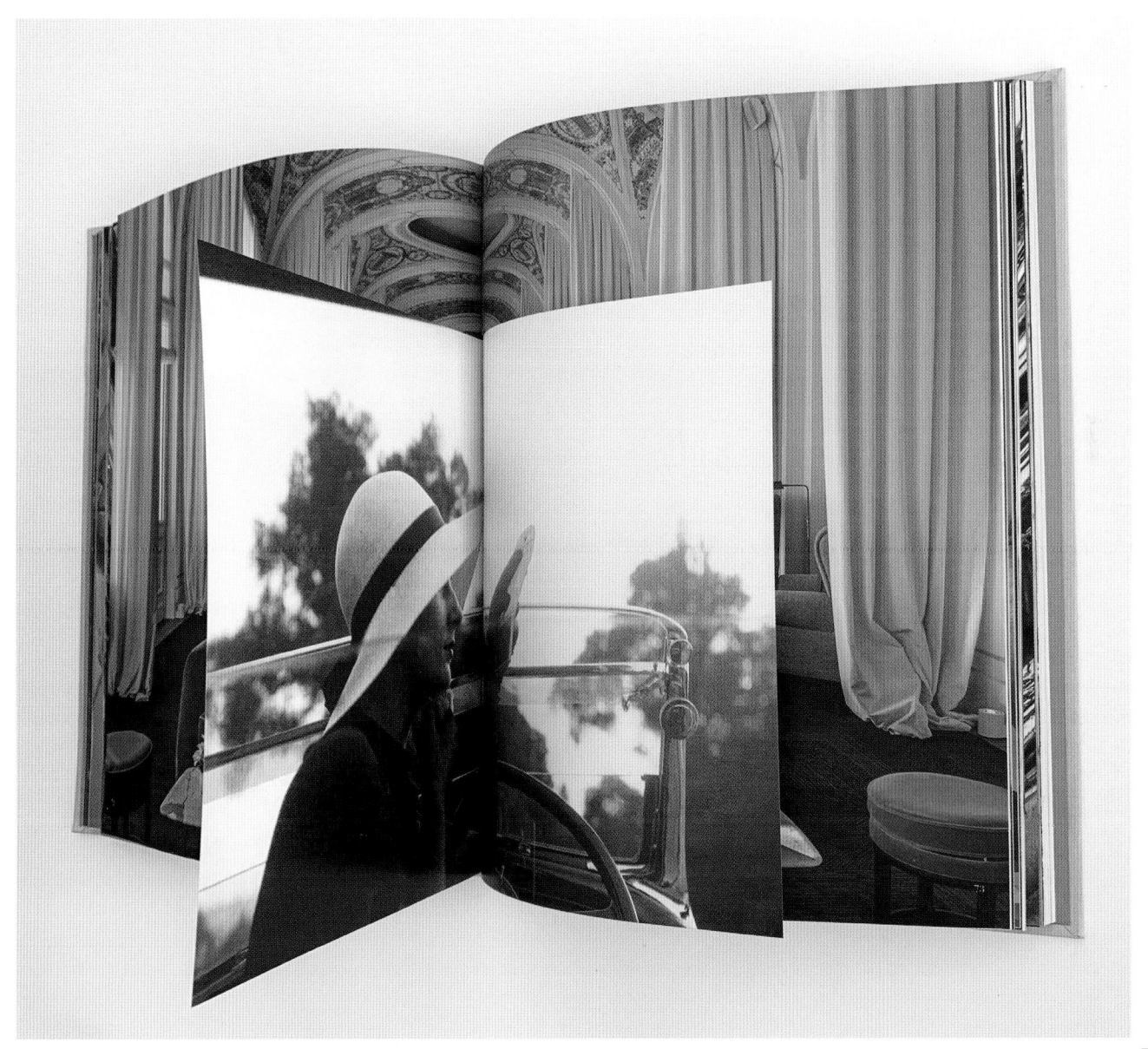

不能踩的坑

　　我们已经知道，折页部分必须比延伸出折页的页面要短（见第 119 页）；在书芯中插入折页时，相对于书芯的其他部分，必须将整个折页书帖缩短，因为如果折页接近书芯的侧边时，切纸刀可能会切割到折页的折叠处。

　　还应注意一点：如果插入的小书帖太多，会造成纸张或折页之间空隙增加，当空隙过大时，切纸刀可能无法正确裁切。从美学的角度来看，这些空隙并不美观。此外，刀片裁切时会出现断断续续的现象，这可能会导致切口破裂成"胡须状"。无论是什么情况，如果想知道在哪里可以插入纸张或书帖，必须向印刷人员了解预先安排好的拼版和折叠部位，根据这些数据尽可能精确地构建页面轨道图。

三个书芯中都有底边较短的书帖，最下面：小书帖很薄，从外观上基本看不出来；中间：可以观察到差异；最上面：小书帖很厚，书芯失去平衡。

简子页

今天，我们可以在工业化生产中简化这个亚洲的传统装订技术。印刷完毕后，将印张裁成多个平行的纸条，再以风琴折方式将其折叠。当然，如此折叠的书帖是不可能用缝线的，因为不能用刀片和吸盘将其打开。这些书帖只能用于胶装的方形书脊：将书芯铣削好再用胶水粘上封面。

你可以改变缝线的颜色，
这道加工工序能使印刷品变
得更为巧妙与精美。

书签带。

书脊顶带。

精装

法语中的"精装（relié）"一词来自拉丁语 religare，意思是"连接在一起"。传统上，中国人和日本人在装订时都选用了柔韧性较好的薄纸张，仅进行单面印刷，用 4 页的书帖进行配页，书帖的折叠处位于外边切口；配好的书芯用绳子穿过纸张上的孔眼进行固定。西方人为了追求经济上的效益，采用了双面打印，并在切口一侧打开书帖，借助硬度不同的固定装置把书帖拼装起来，这个装置就是：封面。

在拼装封面的流水线上，缝合好的书芯的三个侧边已经被预先裁切，我们将它和其他元素组装在一起：

* 两张衬页：以 L 形摆放在书芯的两侧，一面粘在纸板的内侧平面，另一面粘在书芯第一页和最后一页 7 毫米的条状部分。

* 封面（皮壳）：平放在书脊上，在书脊上粘贴纱布，必要时还需要粘贴书脊顶带（堵头布）★，有时还要粘一个或多个书签带。机器会将封面的两个平面折叠，将其"压"在两个胶条的对应位置，并把整体压紧在两条书沟（坑位）上（相当于平装书中的书槽）。

★可以在书脊上放置至少 5 毫米的书脊顶带（堵头布），但不能低于 5 毫米；连环画和一些页数较少的儿童读物中没有书脊顶带（堵头布）。

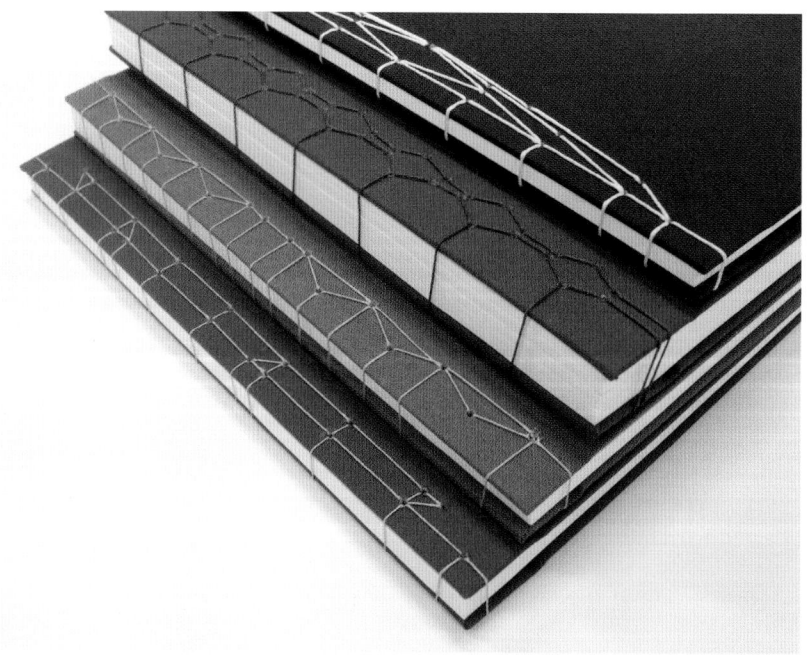

灵感来源于亚洲古籍的现代精装书。

不能踩的坑

　　衬页的文件必须与书芯的文本文件分开，也就是 2 个与内部跨页一样尺寸的 4 页面，包括裁切边缘。

　　书芯通过衬页固定在封面（皮壳）上。

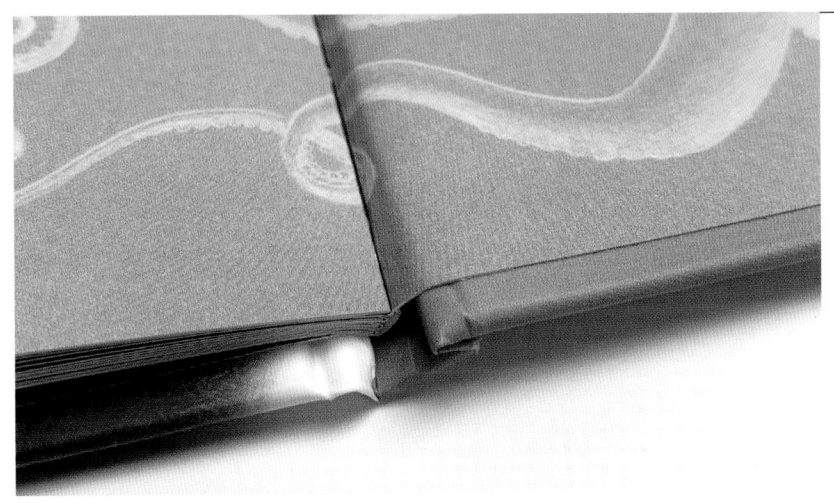

"正文"衬页。

衬页

　　衬页是连接书芯与封面（皮壳）的必不可少的元素。衬页通常会选用较厚且柔软的纸张：根据牢固度需求不同，一般选用 120g 到 150g 的胶版纸。衬页可以是空白的（即没有印刷内容）有色特种纸，也可以是印有一种或多种颜色的普通纸张。衬页也可以是"正文"的一部分（in texte），也就是将书帖的第一页和最后一页粘贴在封面纸板内侧，使其承担起衬页的"重任"。

一本精装书的封面（皮壳），上面有过塑的图片，书脊贴有帆布以及粉彩标题。

拼装封面的流水线可以自动处理最大和最小尺寸的封面，但超出这个范围就必须切换到半手动操作，甚至纯手动操作。

封面的最大尺寸取决于每个精装工人所用的设备，但一般来说，自动操作最大尺寸可以达到27.5 cm×34 cm或29.5 cm×36 cm，半手动操作可以达到30 cm×38 cm；对于横向尺寸的书籍来说，底边最大为29厘米或30厘米，高度相对来说较为自由。

此外，能在流水线上安装封面（皮壳）的书芯最大厚度为7厘米或8厘米。在尺寸的选择方面，有几个因素要考虑。如果书脊很宽，要考虑书脊、纸板厚度和纸张弯曲的平面总和是否能摆放在一块印版上。

如何优化一本非常厚的书的封面（皮壳）

参数：
283 mm 的书面两个
15 mm 的折口两个
5 mm 的裁边两个
3 mm 的纸板两个
=
每个平面 306 mm
有两个平面因此 = 612 mm
+
书脊的厚度 63 mm
= 675 mm
在 70 cm×100 cm 尺寸的机器上，可以放置 3 个封面
（见示意图）

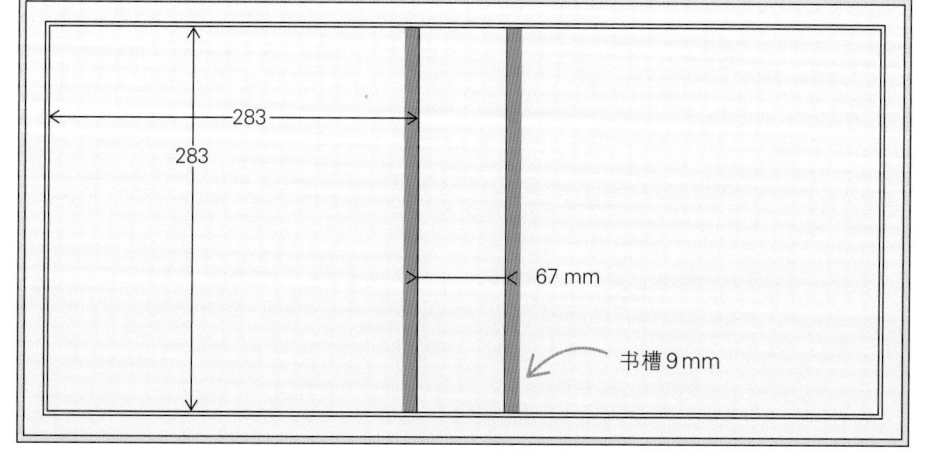

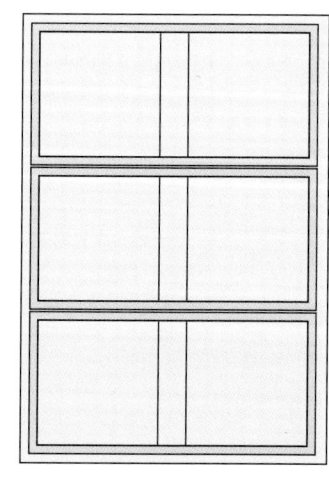

精装书大家族有哪些呢？

主要有三种：

硬皮精装（reliure cartonnée）：在装帧流水线上，书芯经由衬页固定在封面（皮壳）上，封面（皮壳）通常由三个部分的硬纸板（两个书皮和书脊）组成，纸板外部要贴上一层纸，并且镶在内部边缘一圈 15 毫米左右的范围。接下来将衬页粘贴在纸板内部平面与外包纸的边缘上。

书芯与纸板之间的距离称为"飘口"，一般有 3 毫米到 5 毫米，但是这个距离可以控制在 1 毫米以内，这样印刷品会显得更为紧实，拥有介于平装书和精装书之间的质感。

纸板的厚度在 1.5 毫米至 4 毫米之间。从技术上来讲，书芯与纸板的厚度没有关系，因此可以用很薄的纸板搭配很厚的书芯，反之亦然，可以用较少页码的书芯搭配很厚的纸板。

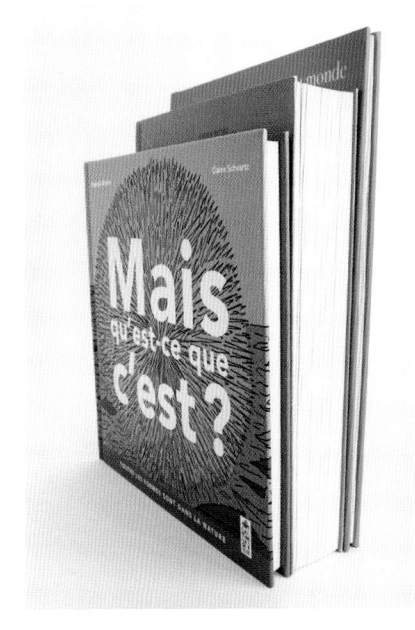

上面一本书的书芯轻微凹进，下面一本属于传统凹进。

黑色纸板延伸了印在黑色背景上的封面切口的美学效果。

硬皮书籍的书脊可以是方形或圆形。

唯一与书脊总厚度相关的技术限制是用于生产线封面（皮壳）拼装的书脊不能低于 3 毫米（也存在专门针对像连环画这类书脊较薄的书本的专门生产线）。

纸板通常是灰色的，因为上面还会用纸或其他材料包裹。然而，我们也可以找到各种颜色的纸板，价格比较昂贵，但非常精致，如果想追求某些特定的效果，这类纸板是必不可少的。

简易精装。 | | 博多尼式精装。

简易精装（假精装）（reliure intégra）：制作过程基本与硬皮精装相同。但我们不再将纸粘贴到纸板上，而是只使用一张简单的卡纸。将卡纸大概 15 毫米的边缘折叠起来，再粘贴衬页。这种精装类型适用于对柔软度和翻阅手感要求较高的印刷品，例如指南、法典等。封面可以选择 300 g 到 350 g 的半硬质卡纸，但就和普通的平装书一样，即便是第一次打开书籍，封面都可能出现褶皱，这种情况十分常见。因此，最好的材质是 300 g 的光面铜版纸，柔韧性好，可以避免褶皱问题。由于整体精装书的封面选用的材料柔韧性较好，其书脊始终具有一定的圆度。

博多尼式精装（reliure bodonienne）：在用线缝好的书脊周围贴上一块帆布，然后才把衬页与纸板内页连接起来，纸板可用纸包裹也可不用。这种精装方式要求半手工或全手工操作（费用肯定昂贵），具体取决于精装工人使用的设备。

❋ **诀窍**

现在有一种很流行的做法：对纸板的两边或三边进行外缘裁切。这么做可以为硬皮精装书带来博多尼式的外观，而且价格比较实惠。但是请注意，这么做会导致封面的书角处更为脆弱，因为覆盖材料会有脱落的倾向，并且失去了纸板本身的质感。有些人选择进行两边裁切，即仅裁切书根和书顶。但是有一个细节需要注意，我们不能拿普通的硬皮精装书或简易精装书放到切纸机上，15毫米的镶边纸部分在拼装封面时必须保持平整，否则会在衬页下看得见裁切后的痕迹。请确保你的服务商知道如何进行此类加工（如下图）。

❋ **诀窍**

对简易精装书进行外缘裁切，可以制作出一种带有衬页和活动书脊的平装书，对某些印刷品来说十分有用（如右图）。

莱波雷诺式装订方式。

瑞士精装。

其他的装订方式

有一种装帧方式被称为"瑞士精装"（reliure suisse），硬皮书的封面内部只有单独一张衬页。书芯的书脊用纱布固定，书本的最后一页直接或通过衬页被粘贴在封三上。

莱波雷诺式（leporello）装订：它类似于一个风琴折页，由单个长纸条或粘贴在一起的多个长纸条构成。折页的第一页有时会被粘贴在一个半硬质卡纸封面上。

YO 线圈或螺旋线圈装订：把四个侧边都裁切好的书帖配成书芯，对书芯进行穿孔后，用线圈将其串起来。

YO 线圈装订方式。

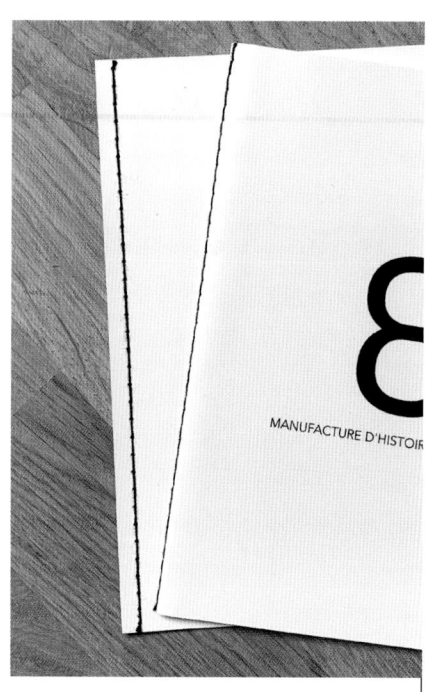

胜家缝制装订方式。

莫勒斯金式装订方式 。

胜家缝制（couture Singer）是一种类似于缝制衣服的装订方法，需要使用特定的机器缝合，机器可以从摊开的书帖中间缝合，也可以在距离书脊 3 厘米或 4 厘米处进行缝合。缝合操作主要由手工完成。

莫勒斯金式精装（reliure moleskine），这种装订方式是在极薄的纸板上用某种材料（纸、人造革或织物）包在事先切成圆形的书角上。

精装书应该选择哪种封面（皮壳）？

精装书的封面一般由两个书面和一个书脊三部分构成，上面粘贴有其他的材料。通常，精装书的封面使用的是印刷好并过塑的 135 g 铜版纸。对纸张过塑是必不可少的，否则很快就会损坏，尤其是书角。纸板的书面可以用多种不同的材质包裹：帆布、仿帆布、皮革、仿皮革和其他材料，它们会镶在纸板的边缘，材料本身要足够柔软，这样便不会在折叠处或书槽处被弄断。

除此之外，还可以在纸板中加入不同厚度的泡沫。

封面所用的材料是专门为精装书设计的，它们具备足够的弹性和特殊的功能。不建议用胶版纸包裹封面，最好选择 Wibalin（一种特种纸）、Geltex（一种由高弹性凝胶和透气泡沫组成的特制材料）等材料。这些材料能完美地模仿胶版纸的质感，而且适合包裹封面。它们的品牌和种类都十分丰富，拥有不同的底色和压花，也有最普通的用于四色印刷的版本。

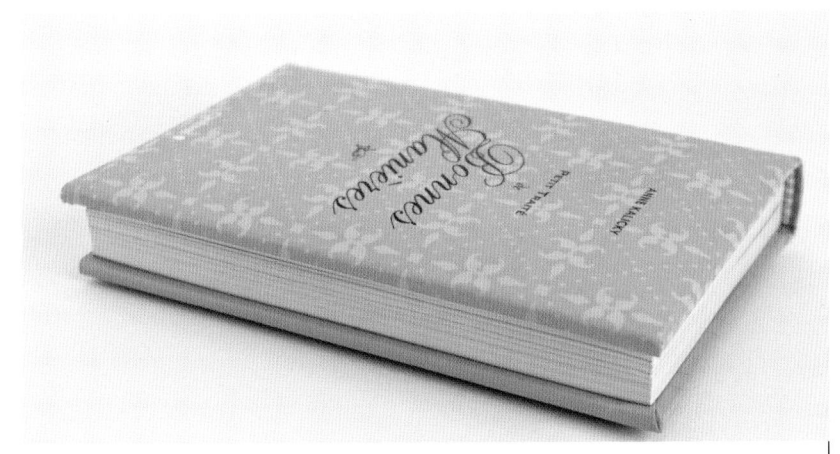

ANNE KALICKY
PETIT TRAITÉ
Bonnes Manières

泡沫纸板装订方式。

不能踩的坑

我们不能把选用的织物或皮革直接粘在纸板上。必须经过“装裱”这道工序，即先用特殊的胶水将材料粘贴到合适的纸张上，再用适合精装的胶水将整个组件粘到纸板上。这也产生了一个问题，除非你有充足的预算，否则最好从服务商提供的商品目录中选择已有的材料，这些材料就已经比较昂贵了。

工业装裱的布料样本卡。

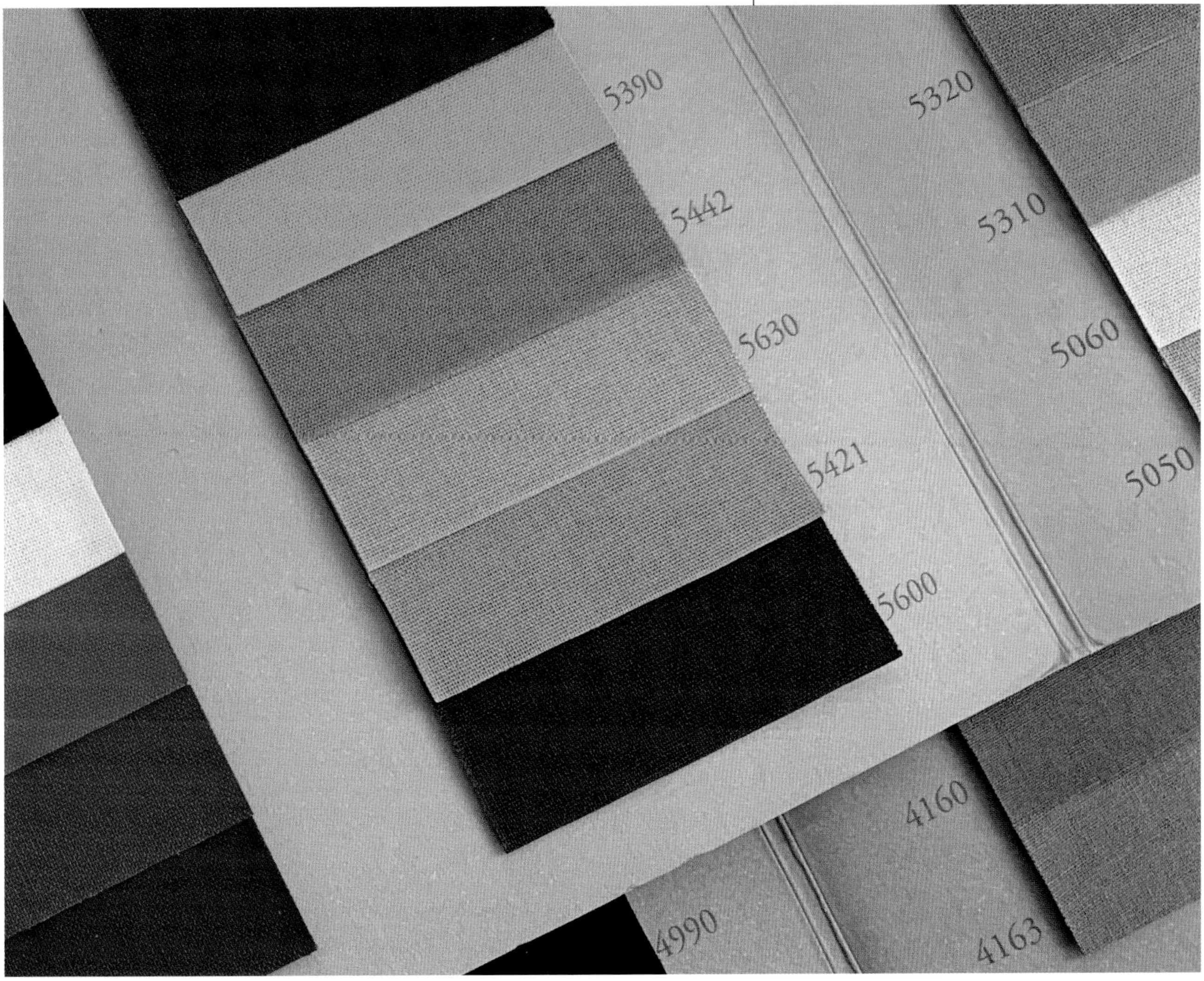
5390
5442
5630
5421
5600
5320
5310
5060
5050
4160
4990
4163

布脊两侧的布料用量不对称。

我们可以将两种材料组合在同一个封面上：书面的用纸与书脊用的帆布（或仿帆布、皮革等）。这种类型的装帧通常被称为"布脊精装"（relié avec dos toilé）。书面的材料可以不对称地分布在书脊周围：一个书面上的材料可以比另一个书面上的材料更多。

我们也可以只用纱布包裹书脊，两个书面都保留纸板的原貌，然后通过冷烫印、热烫印、上漆和丝网印刷上色等方式进行装饰。

封面居中

平装书与精装书封面上的图形元素的居中方式不同，尤其是不会以书面的宽度为基准居中。

由于平装书封面压有边胶线，边胶线到书脊的宽度为 7 毫米，而硬皮精装书的书槽使书脊与封面板纸之间出现了 1 厘米的距离。按照逻辑，我们应该将标题放在封面中央，然而在屏幕上处理文件时，我们会本能地以整个封面的总宽度为基准居中，这个总宽度包含了书槽和板纸的宽度。事实上，标题居中是一门艺术，要学会利用不同的图形元素创造一种视觉上的错觉，几何图形、边框或标题的大小有时会让我们将图形元素往某个方向多挪几毫米，而不是完美居中。

✿ 诀窍

文本应该放在书脊的哪个位置呢？在英语国家和其他地方，人们阅读的时候习惯把头向右倾斜，而在法国则相反，你可以去搜索一下为什么会这样……结果就是，一旦书籍被平放，法语书脊上标题的开头部分反而会在下方。

布料书脊封面，在生纸板上用冷烫印和三层丝网印刷进行装饰：一个清漆和两个粉彩。

如何准备精装书的封面（皮壳）文件？

　　只有印刷人员才能为你提供封面规矩线图，该图包含了每个元素的精确尺寸。当然，你也可以索要一个空白样本自行测量，最好是直接拿到文件，在文件上进行调整。

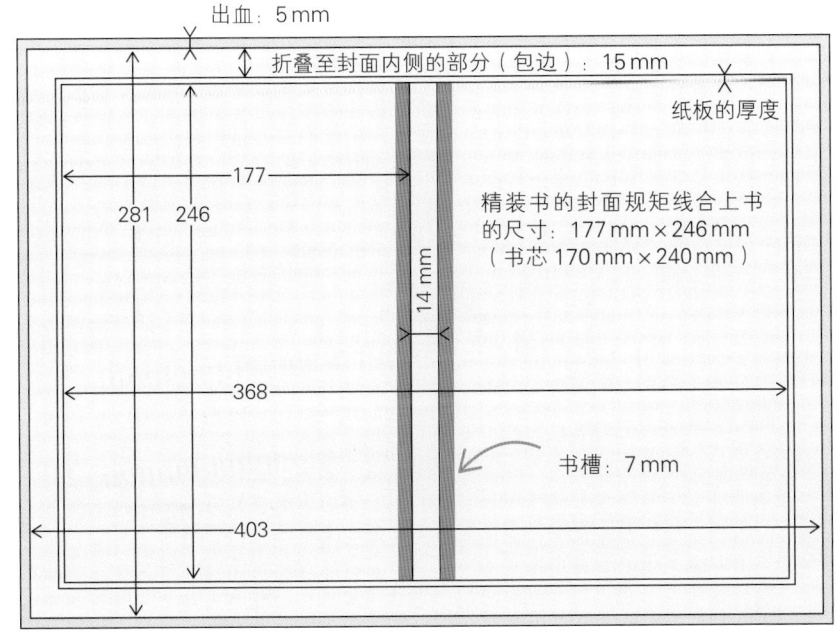

出血：5 mm

折叠至封面内侧的部分（包边）：15 mm

纸板的厚度

177

281　246

14 mm

精装书的封面规矩线合上书的尺寸：177 mm × 246 mm
（书芯 170 mm × 240 mm）

368

书槽：7 mm

403

不能踩的坑

　　对于平装书的封面来说，周围只预留 5 毫米的出血就足够了。但对于精装书的封面来说，除了出血，必须要再预留 15 毫米的空间。因为要确保衬页之间能够正确重叠以及封面内面的保护层能够折叠。在为精装书准备封面文件时，请不要忘记这个细节。

经过覆膜的封面（亚光）。

封面的加工

显然，封面是出版物的一个重要组成部分，它体现了我们在创意和预算方面做出的努力。

在技术层面，封面加工可以有多种选择：

* 保护清漆：在帆布、仿帆布或胶印的覆盖材料上涂抹一层清漆，用于增强油墨效果并防止污渍。

* 覆膜（亚光、缎面、光面、柔软触感、防刮擦）：薄膜在保护印刷品的同时，还会增加其尺寸。覆膜时，机器会在印张上放置一块与其相同宽度的薄膜，它比简单的一层清漆更具保护性，可以施加于整个印张。但请注意，如果在金属专色（金色、青铜色等）上进行覆膜，油墨本身的光泽将在很大程度上被塑料薄膜抵消，尤其是亚光油墨。所以为何不干脆多花点钱，选择金属箔烫印呢？

覆膜会改变纸张吸收光线和反射颜色的方式。印刷的颜色结果可能会出现很大的不同，这取决于使用的是亚光还是光面薄膜。一些制版师可以预测这种色差，能为你提供不同薄膜在不同纸张上的模拟校样，如果遇到这类制版师，请不要错过他／她为你提供的便利。

上：潘通金属色加覆膜。
下：亚膜加烫金效果。

上：在光面冷色调纸上压凹。
下：在亚面暖色调纸上压凹。

* 胶印"点对点"清漆：这是一种不含颜料的油性墨水，它的性能类似于原色或潘通色，能在流水线上对非常精细的细节进行点对点的上漆（见第99页）。不要将它和丝网印刷中更常见的"选择性"上光混淆。

* UV清漆：也称作UV光油，在一张预先使用胶印方式印好的印张上，我们可以利用丝网印刷对特定的细节或较为重要的区域进行重新处理，有时甚至涉及整个纸张（见第104页）。清漆的种类多种多样：颗粒效果清漆（见第106页）、帆布效果清漆、闪光效果清漆、镜面效果清漆（不要与"镜面纸"混淆）或可以制造凸起效果的浮雕清漆（见第105页），并且颜色多样，可以从丝网印刷机提供的色卡中选择。

* 冷烫印：利用金属印版在包纸或未包纸的纸板上施加压力，留下可见的痕迹，可以是文字也可以是图案（见第107页）。当制造浮雕效果的压花时，我们说的是"凸印"（英语：embossing），要制造凹陷形状时，我们称为"凹印"（英语：debossing）。后一种情况需要两个印版，一个公版和一个母版，在纸板的两侧施加压力。这个操作主要应用于纸板封面上，因为纸板的厚度可以突出浮雕或凹陷效果。但是对半硬质卡纸施加凸印或凹印效果都不太明显，虽然有时也有一定用处。通过冷烫印，我们还可以制作一个类似盆状的凹槽，在里面贴上用特殊纸张（比如贴纸）印制的标签。

✿ **诀窍**

你已经打印好了封面，但还不能确定要采用哪种薄膜进行覆膜。可以在打印好的印张上贴一条光面胶带和一条亚光胶带，位置可以调整，这样你就能知道覆膜的效果。

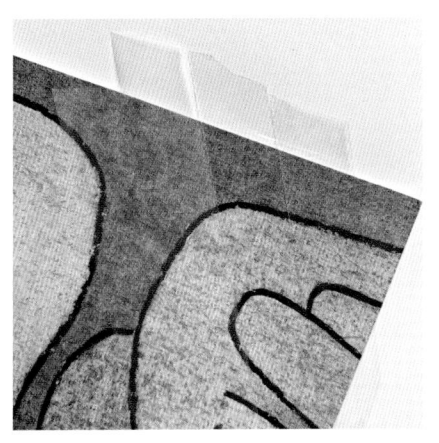

在简易精装书的整个封面上施加浮雕冷烫印（凸印）。

盆状凹陷与四色印刷的贴纸标签。

对页图：烫印用金属箔样品卡。
左图：银箔烫印。

* **热烫印**：俗称"烫金"，也是一个制造凹陷形状的操作，但同时添加了箔或粉彩。大多数情况下，这种技术应用在标题和线状物上，也可以应用于含有图形元素和文字元素的较大表面上。传统上用的箔是金色、银色或其他金属色的，这些材料覆盖性好且相对牢固。至于粉彩，无论是带有光泽还是亚光，遮盖力都要比金属小得多，而且更易脱落。此外，我们可以在烫印区域印刷一个与箔近似的颜色来控制其透明度。如果你想要在更大的表面进行烫印，请听取专业建议。

通过电磁法将纤维附在涂有胶水的表面上，可以获得仿麂皮、天鹅绒或毛织品的外观。

模切：这种技术可应用于平装书或精装书的封面。它的原理和冲压基本相同，但使用的是带有切割表面形状的工具（刀模）。此外，我们还可以借助激光模切来取得非常精确的切割图案。

所有封面上的附加元素（覆膜、清漆、丝网印刷和烫印）均印在一个完整的印张上。邀请卡、护封、贴纸、平装书的封面等都是一样的：在印张上摆放多个要印刷的图案或文字，然后第二遍再单独将其中的元素切割出来。然而有一个例外：无论是印刷的、覆膜的或丝印的纸张、布和仿布，一旦材料已经被贴在封面纸板上，就只能在独立的封面上应用热烫印或冷烫印。在这种情况下，印版的压印部分必须完整和清晰，因为它要在纸板的厚度上留下印记。

对彩色卡纸上原印有黑色的部分进行模切。

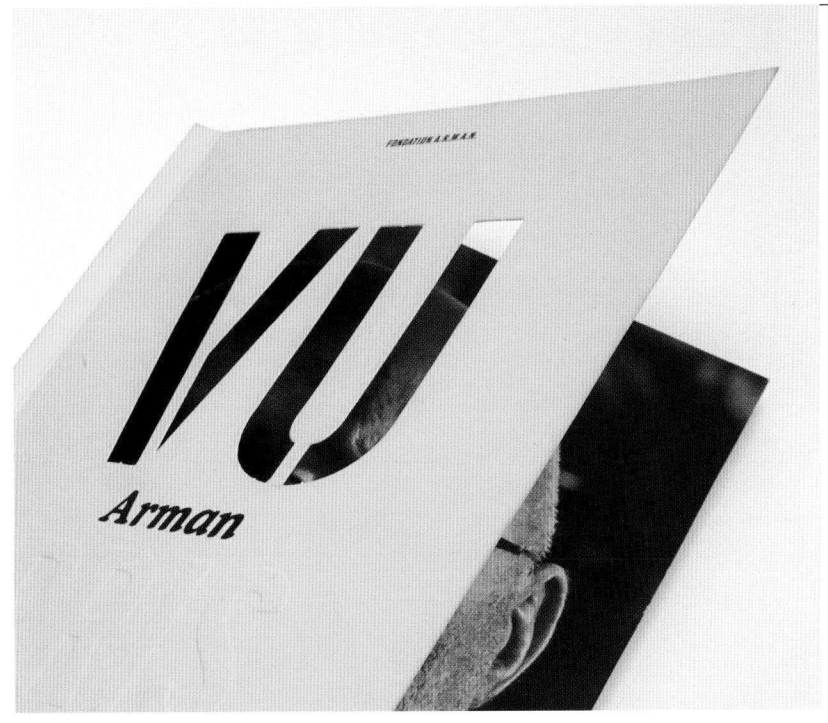

不能踩的坑

冷烫印或热烫印的成本包括工具的制作，价格取决于尺寸和需要的箔片数量。烫印面积是根据压板的整体面积计算的。在报纸头版上的标题的花费将远远低于散布在封面表面的一些微小细节。当你在报价单上看到"烫印覆盖面为25%"时，这意味着只有四分之一的印版尺寸涉及烫印。对于各处分散的细节，你一定要在要求中百分百地明确它们的面积，更好的做法是将设计方案的PDF文件发送给印刷人员，方便他/她尽可能准确地进行估算。

准备热烫印、冷烫印、丝网印刷和模切的文件

　　基本文件中必须始终包含且仅包含用于胶版印刷的内容：四种基本颜色、可能使用的专色或者清漆。其他要使用另一种技术（丝网印刷、烫印、模切等）进行操作的每个内容都必须在另一个完全独立的文件当中。即便你想将各种图形元素组合在一起，以获取整体视觉效果并进行打样，也必须要有一个可以清晰识别的独立图层（黑色或 100% 的潘通黑色）。请不要将所有的内容合并到一个文件中，要避免犯这种错误。

　　如果需要制作礼品袋、带勒口的文件夹、盒子的包装或者需要模切的特殊封面，你需要提供一个专门的文件。与烫印或上漆一样，第一个图层是四色或潘通色背景，第二个图层中包含印刷图案的规矩线，明确印刷成品的边界，第三个图层才是要附加的图形元素。文件中要再现元素的准确编号由服务商提供。

彩色纸上的烫金效果。

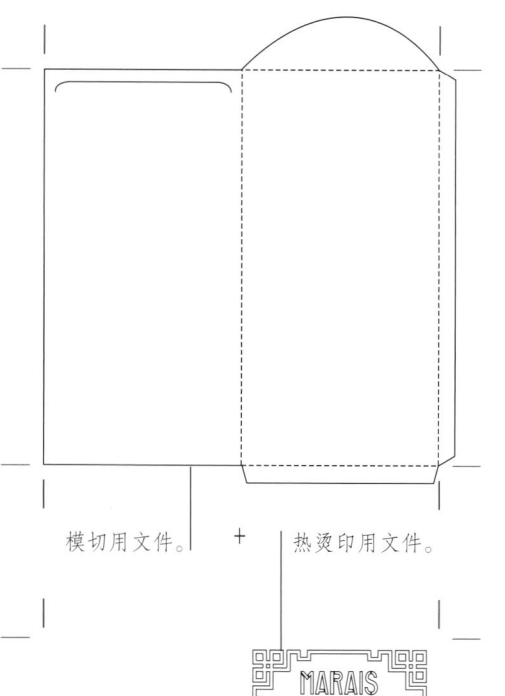

模切用文件。　　＋　　热烫印用文件。

其他精加工

借助一张极薄的金色纸张，我们可以在书页的切边上进行辘边处理，最初的目的是防止灰尘进入书本，但仍然无法阻止书页脱落。有钱人会在书芯的三个切边都辘上金边，但普通人只能选择在书芯上面的切边辘一层。

自 16 世纪以来，许多书籍的辘边都是红色或大理石色的，这种如同镀金般的装饰既能使书籍变得美观，又可以起到保护作用，例如弥撒书便大量使用了这类装饰。

如今，我们可以充分享受这种工艺的乐趣（每本书仍然需要花 1 欧元到 2 欧元！），通过它来追求非同寻常的效果，其中包括图片或花样的激光打印。为了更好地管理你的进度计划表，请记住以下内容：对于平装书或封面外缘经过切割的精装书，我们在书本装订完成并装好封面后才进行辘边，但是对于传统精装书来说，要在缝好的书芯上进行辘边，辘完边之后才能组装封面。辘边这道工序通常在专业工作室完成，因而印刷人员要往返于印刷厂和工作室之间，会需要一周多的时间。

比较理想的做法是封面和彩色边缘均使用相同的颜色。如果在使用了浅色封面的平装书或经过外缘切割的精装书上进行辘边，边缘的颜色可能会弄脏封面。相反，由于精装书的书芯在组装封面前进行辘边，因此不存在这个问题。

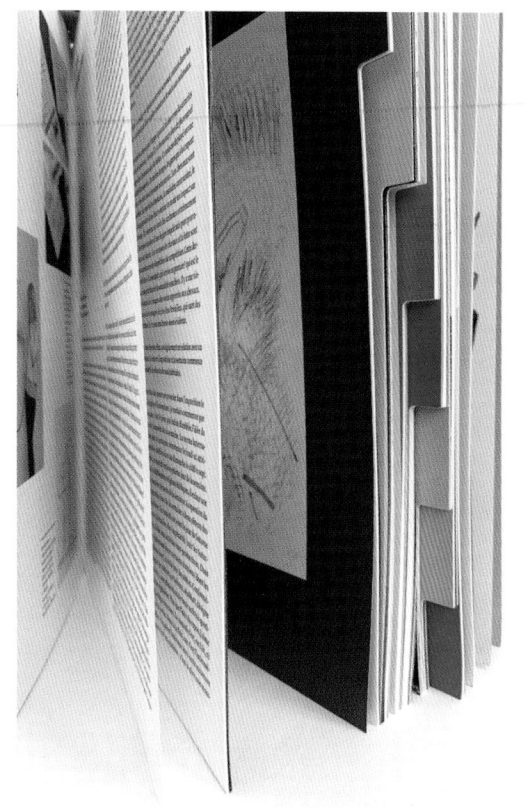

书芯中不同页面的交错。

圆形书角。最上面使用了"全纸板"技术进行模切，另外两本书使用了刨削的方式。

　　在制作完成的书芯上，可以让专家针对书中特定的栏目内容制作凹槽（烟的士）。凹槽可以是圆形、长方形或正方形。要注意的是你需要向印刷商询问在凹槽周围放置图形元素时应当遵循的原则。和辊边一样，请在进度计划表中为这道工序预留几天的额外时间。

　　当作品完成后，我们还可以找些别的乐子，例如为书本加上一个圆形的书角。我们需要使用一种特殊的工具对书角进行刨削使其变圆。这项操作只能在较柔软的书芯上进行。

　　对于坚硬的书芯，只有使用相当昂贵的模切才能保证同样的效果。比如有些儿童书籍使用的"全纸板"（tout carton）技术，这种技术较为复杂，我就不在这里详细介绍了。请咨询掌握这种技术的专家，他们会提供相当多不同的材料供你选择。

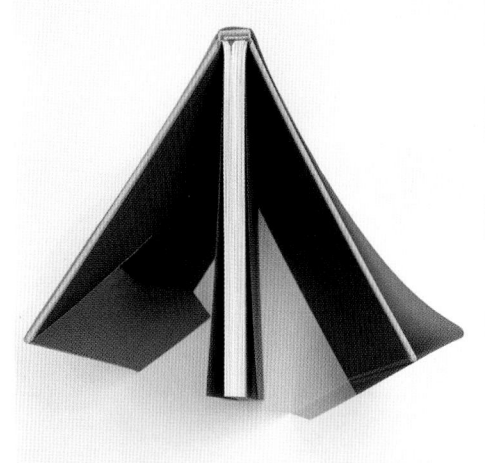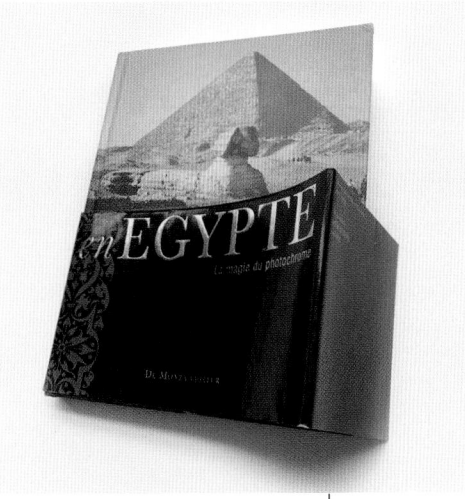

护封、半护封、美式护封。

腰封。

其他配件

　　精装书或者平装书的封面都可以配上一个护封，类型有半护封、双护封或者那些厚重豪华的书籍使用的美式护封。

　　此外还可以配上腰封，可以水平或垂直摆放，某些情况下要以手工方式加上腰封。

✱ 诀窍

　　如果你即将出版的作品包含了一本
精装书和一本平装小册子，并要装在同
一个书套当中，请索要精装书的封面规
矩线，确定外部书面的尺寸，才能决定
随附平装册的尺寸大小，要保证两者最
终实物的尺寸相同。

在此介绍一下不同类型的书套与书盒：

* 防尘套，有印刷内容或无印刷内容

使用材料：涂有清漆的特种卡纸或单面涂层卡纸，定量为250 g、300 g、350 g，需要覆膜。可以采用胶印或丝印，类似平装书封面。

* 书盒

使用材料：2毫米到4毫米厚的纸板，如同封面一样，要使用薄膜或其他材料进行包裹。可以使用热烫印、冷烫印或丝网印刷等，顶部和底部等位置也可以加帆布条。

如果书套和书盒的尺寸没有超过印刷商机器的最大尺寸，也可以通过流水线生产。为了正确地设计书套和书盒上的图案，必须让印刷商提供规矩线图，包括出血和折口。

* 天地盒、书型盒（蚌形盒）

基本上只能手工制作，需要花点功夫才能找到合适的印刷商，而且还要仔细研究价格。

⚠️ 请注意书套或书盒的排版：与封面相反，书盒封一的位置与书本封面的封一位置正好相反。以下是具体摆放方法。

书籍

封底	封面（封一）

书盒

封面（封一）	封底

天地盒。｜书形盒。

条形码

书籍或商品目录的其他部分印刷得很完美，但如果条形码缺失或不正确，配送员就没有办法进行配送分发。由于不能删除它们，所有的设计师都费尽心思地对这些非要加在印刷品上但又十分难看的条形码进行加工，以契合他们的审美标准。有人将条形码做成彩色的，在彩色背景上进行反色印刷，或者在有色承印物上进行丝网印刷，甚至是在纹理多变的材料上印刷……条形码和二维码一样是由线条组成的图案，它必须清晰可见并能被传感器识别，相关的标准可以在互联网上找到，这些标准根据产品的性质和销售地的不同会发生变化。如果使用胶版印刷，最好选择 100% 黑色或非常深的颜色，禁止使用复合色调，因为即便是最轻微的套准问题都可能影响条形码的可识别性，特别是那些很细的条形码。

* 条形码必须能被识别，且尺寸应该符合相关标准；

* 条形码应该有一定的高度，并被"静区"（zones de silence）包围（"静区"至少是最细的条形码宽度的 5 倍），使传感器能够确定读取区域的范围；

* 条形码必须以高对比度打印，白底黑色当然是最理想的；

* 最好使用条形码读取器进行测试（或者要求印刷人员进行测试）；在深色背景上使用白线也是可以被识别的，尤其是在金属这类反光效果较好的载体上，但薄膜或上过漆的纸板对红外线的反应不是很好。

激光打印和热转印可以保证在任何类型的载体的表面上都能精确印刷条形码，但是凹版印刷或胶印印刷的条形码只有在图像很清晰和承印物的纹理很光滑时才能被读取。

印刷错误和补救方法

读取器无法识别条形码，或者条形码中的价格印刷错误，以致无法使用：请用贴纸重新印刷条形码并将其粘贴在错误的条形码上。

✱ 诀窍

如果选用的承印物材质（花纹纸、帆布、仿帆布等）不能保证条形码的可读性，有时不得不采用白底黑字的条形码贴纸。

 恼人的问题

为什么精装书比平装书更贵？

　　装帧的过程涉及更复杂的操作和更昂贵的材料。直至缝制书芯这道工序之前，两者制造方法都是一样的。但是，要使一个硬质封面能够固定住书芯，必须加入衬页（衬页上可能还有印刷内容）以及其他材料（纸板、保护层、覆膜等），所有这些东西都比一张简单的半硬质卡纸要贵得多。因此，基本不可能要求印刷商对这两种书采用相同的价格，所以你要想好你的目标是什么。如果书籍是用于出售，必须调整售价，精装书肯定要比平装书卖得更贵。

检查清单

协调装订与装帧

○ 为整页图像设计切口和出血

○ 较敏感的图形和文字元素要远离切口（页码、细线、腰封、图框）

○ 核对拼版：每个书帖的页数

○ 考虑跨页图片的拼接，注意书籍封面与书芯的拼接

○ 调整勒口和折页的尺寸

○ 索要封面、书盒或模切的规矩线图

○ 索要空白样本

○ 检查内部纸张与封面材料的白点是否相同

○ 在准备印刷文件时将不同要素分开处理：内页四色/专色/选择性上漆，封面四色/专色＋热/冷烫印＋丝印

5

包装和配送

你的工作做得（几乎）完美无瑕（这个世界上就没有真正完美的事情！）。传单、年度报告、艺术书籍、字典、海报、日历等，一切都做得十分成功，提前收到样书的每个人都很开心。你只是按时完成了分内工作，仅此而已。明天，就在配送的前一刻，你要出发去度假，因为你觉得在过去的几周里实在付出了太多，必须好好犒劳一下自己……

要想度过一个悠闲的假期，必须避免在最后一步出错，否则你将失去应得的一切：客户的好感、老板的器重与伴侣的宽恕。

若要不出错，很简单，就像计划自己的旅行一样，事先做好一切准备……不管你是去滑雪，还是去海边的旅馆或者去世界上任何地方，你都可以提前计划行程，规划好出行和住宿，对吗？

包装

十分遗憾，在很多报价单中，都没有提到包装这一项支出……

所有从印刷厂出来的产品都会有最低限度的包装，这样在运输过程中产品才能够得到一定程度的保护。

名片和传单会被装在小盒子里或用玻璃纸一扎扎地包好，但当产品太重，超过手工处理的能力范围时，需要用托盘装好放入货车中，有时它们会相互叠放在一起。托盘可以捆扎起来，有时也会用玻璃纸包装。

具体包装由你来决定：

* 玻璃纸成捆包装：使用一种较厚（高密度）且半透明的薄膜进行包装，它的功能是保护产品并将产品分离成堆。

* 低密度独立薄膜：用于保护单个产品，这种薄膜比较薄且透明。

* 透明塑料罩：这种透明塑料用于组合两种或多种产品（杂志和礼品册或任何其他产品），或者想随产品附上一些广告、顾客问卷时，都可以用这种材料。

* 纸箱：部分经销商会要求使用纸箱，因为方便库存管理，特别是当收件人是公司、机构或贸易商时，由于他们会随时保持少量的印刷品库存，纸箱包装更易于存储与移动。

* 独立包装盒：使用瓦楞纸板对单个产品进行包装，用于保护重量较大、非常珍贵或易碎的物品。邮寄物品的时候这种包装十分有用。

薄膜环保吗？

目前有用淀粉或玉米制成的薄膜，在其与水、湿气或 X 射线接触时可以分解。尽管用这种薄膜可以包装印刷品，但是不可能用于包装整个托盘，因为后者对薄膜的牢固性与坚韧性要求更高。有些聚乙烯制成的薄膜是可回收的，回收后可以将它们熔化，转化为新的颗粒。

✳ 诀窍

什么时候会用 PVC 膜进行独立包装？当你想在整个销售过程中保护书籍的封面，或者想要保护书籍的内容，又或者想保护随杂志附送的内容（CD、小册子、样品、照片等），甚至当你不希望顾客在书店或报刊店翻阅这本书时，你就可以使用 PVC 膜进行独立包装。

有些产品需要进行分拣处理，我们需要将多个经过印刷或未经印刷的物品组合起来，这种情况并不少见。此时，请与服务商核实他们能够处理的尺寸、厚度、根据邮费计算的包裹的总重以及管理定制派送的文件等。

此外，对于要放入印刷品中（任意位置或固定位置）的物品，比如书签、贴纸等，要做出十分明确的说明。

再次提醒，在你没有搞清楚印刷品的整个制作流程时，先不要确定任何事项，因为制作流程不仅包括在印刷厂印刷的过程，还包括离厂以后的工作。

失误与补救措施

保护印刷物的热收缩膜质量比较差或有缺陷怎么办？在法国，有一个机构叫作工作救助中心（centre d'aide par le travail）*，在那儿，细心的工作人员能帮你去掉原膜并重新包装，他们十分擅长这类操作，且收费合理。此外，更换有问题的护封，粘贴标签和徽章，放置腰封，包装透明塑料罩这类只需要小型工具辅助的手工操作，找他们处理也是一个很好的解决方案。

* 现在已改称为工作救助服务机构（Établissements ou services d'aide par le travail），主要提供各类医疗与社会服务。

配送

　　在印刷完成之前，应当尽早向印刷商提供所有必要的配送信息，可以参考下面这个详细的表格，完整填写每个配送点的具体信息。

　　印刷品可能会被配送到企业、个人住所或者某个仓库……每个地点的接收条件不同，如何平衡预算与物流十分重要。

　　专门从事新闻或出版物销售的经销商处一般都有卸货区，可容纳重型货车并配备有叉车。但卸货区有具体的开放时间，通常必须提前几天预约，否则将被拒绝卸货。

　　如果要将货物运送到位于迪耶普（Dieppe）城堡的博物馆，运输公司能选择的路径有两条：一条是通向阶梯的小径，阶梯上去后是一条铺满石子的小路，另一条则要通过一座建在沟渠上的木制天桥。在这种情况下，应该要提供适当的设备和一辆小型货车，用叉车将货物搬运到最靠近入口的地方，并确保现场有相应的工作人员和工具能将货物运送到室内。

作品标题：

货品编号：

数量	公司名称	联系人姓名	地址	电话	邮箱	营业时间	现场设备*	备注

* 请说明是否配备有可容纳卡车的仓库（卸货区），或者是否需要有后开门的卡车和叉车，以及是否会对运输人员提供协助。

在市中心进行配送是一件很困难的事情，交通问题或者某些机构的特定安全标准会让事情变得很复杂，因此必须安排一个负责接待的协调人员。运输商手上必须要有配送当天在场的负责人的电话联系方式。

当你将货物配送给客户时（或自己等待配送时），请注意以下问题，印刷商把货物交给主要运输商后，后者可能会将货物委托给另一个转运商，转运商又会将货物转给一个拥有小型运输车辆的承运人。有时司机会遇到方向问题，甚至语言问题！这就是为什么所有的事情都必须清楚、准确且有计划地进行，如此就不会出现太多无法解决的问题，如果可以的话，不要把问题留到最后一刻。要是送货员在一个新媒体图书馆开幕典礼那天夜里才到达，只是因为他找不到图书馆的入口通道，事情将变得很混乱……

货物都是用一个或多个托盘装运的。如果事先没有提供具体的说明，司机只能将托盘留在路边或人行道上。所以重要的是提前说明包装方式并计划好物流程序，这让你能够比较轻松地搬运交付的货物。如果你需要将货物存放在特定位置（例如建筑物的某个楼层），必须提前说明，这需要支付额外的卸货费用。

跨境运输

你必须要知道货物是用卡车还是用轮船运输，是运到比较近的地方还是比较远的地方。如果使用船运，货物会被放在集装箱中，运输过程中会出现湿度问题。请不要忘记，无论是纸还是纸板都是由纤维制成的，它们与其他物品之间可能会产生热量传递，这也会给你造成困扰。当纸张于盛夏时节被送达西班牙中部时，印刷商可能已经在工厂装好空调，放置一两天，等纸张冷却后再放到印刷机上进行印刷。同样，如果在中国印刷，印刷商在使用船运时也需要采取预防措施。此外，降雨过多也会给印刷品制作带来不便。运输到某些国家时还要遵守一些特定规定，为防止木制托盘中有昆虫或虫卵，要对托盘进行熏蒸。

空运的费用很贵（以千克计算价格），所以只用于提前寄送几份样本或者很轻很小的产品。

不能踩的坑

应该检查一下国外印刷商标注的价格是 CIF 价格（英文：Cost Insurance and Freight，即到岸价，含成本加保险加运费）还是 FOB 价格（英文：Free on Board，即离岸价，由买方负责派船接运货物）。如果印刷商不是欧盟国家，必须提前安排好转运商，提供相关文件并支付关税。提前做好这些准备，才能避免你的货物被困在世界另一端的港口。

运输中的意外

　　运输过程中可能会发生小事故，比如卡车急刹车时可能会打翻托盘并造成少许货品损毁，将6吨卡车上的货物转移到小货车上时，突然一场暴雨可能会浸湿纸箱。大多数情况下不会出现什么问题，因为托盘都是按照正确的方式进行包装的。但是，如果在货物送达时发现问题，请务必立刻拍照并在运输商提供的交货单上进行备注说明，这一点非常重要，否则之后再怎么争辩都是徒劳的，甚至会造成冲突。总之，本书最后这几页又回到最初几页的内容，提前计划的重要性和对细节的密切关注都将简化你的工作与生活。细节之间是没有等级之分的：印刷技术和物流环节同样重要。因此，我再次重申：从结尾开始构思你的工作，才能一帆风顺！

检查清单

协调包装和配送

○ 提前对包装、配送条件和联系方式进行充分的沟通

○ 根据仓储地点的条件进行包装

○ 为在境外印刷的货物办理清关手续

本书的拼版和页面轨道图

本书由页码编号从 1 到 264 的 264 个页面组成，共 264 页。

5 个 48PP 的印张，折叠成 2×24PP（第 4 个印张除外：24PP+16PP），在尺寸为 120 cm×160 cm 的机器上印刷，使用 128 g 的亚光铜版纸（哑粉纸），由于页数较多，因此可以选用 129 cm×110 cm 的优化定制尺寸（按正确的纤维方向印刷）。

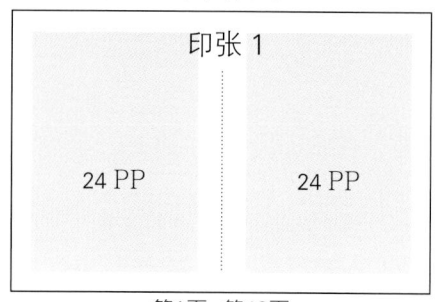

印张 1

24 PP　　24 PP

第1页~第48页

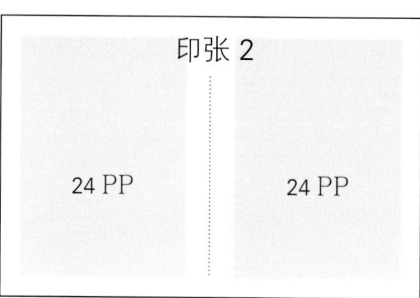

印张 2

24 PP　　24 PP

第81页~第128页

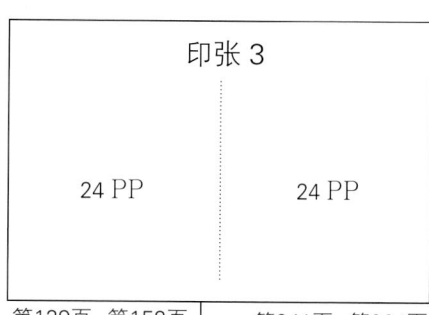

印张 3

24 PP　　24 PP

第129页~第152页　　第241页~第264页

印张 3 的前一半用于接续印张 2，另一半则是整个书芯的末尾部分。目的是在当中插入印张 4，印张 4 使用了荧光墨来呈现印前章节中关于潘通色的内容，见本书第 163 页至第 180 页。

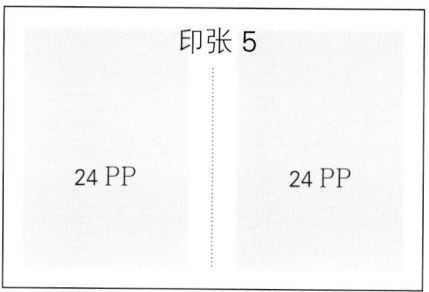

印张 4

24 PP　　16 PP

第153页~第192页

印张 5

24 PP　　24 PP

第193页~第240页

2 个 16 页的印张，折叠成 2×16 页，在尺寸为 70 cm×100 cm 的机器上印刷：第 6 个印张使用 128 g 的光面铜版纸，第 7 个印张使用 140 g 的胶版纸。

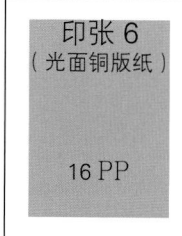

印张 6
（光面铜版纸）

16 PP

第49页~第64页

印张7
（胶版纸）

16 PP

第65页~第80页

封面，在尺寸为 70 cm×100 cm 的机器上印刷，同一个印张上放置 4 次，使用 70 cm×100 cm 标准尺寸的 250 g 白卡纸。

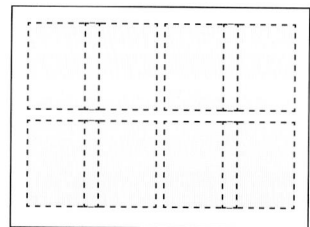

1 2 3 4 5 6 7 8 9 10 11 12 13 14 15
16 17 18 19 20 21 22 23 24 25 26 27 28 29 30 31 32 33 34 35
36 37 38 39 40 41 42 43 44 45 46 47 48 49 50 51 52 53 54 55
56 57 58 59 60 61 62 63 64 65 66 67 68 69 70 71 72 73 74 75
76 77 78 79 80 81 82 83 84 85 86 87 88 89 90 91 92 93 94 95
96 97 98 99 100 101 102 103 104 105 106 107 108 109 110 111 112 113 114 115
116 117 118 119 120 121 122 123 124 125 126 127 128 129 130 131 132 133 134 135
136 137 138 139 140 141 142 143 144 145 146 147 148 149 150 151 152 153 154 155
156 157 158 159 160 161 162 163 164 165 166 167 168 169 170 171 172 173 174 175
176 177 178 179 180 181 182 183 184 185 186 187 188 189 190 191 192 193 194 195
196 197 198 199 200 201 202 203 204 205 206 207 208 209 210 211 212 213 214 215
216 217 218 219 220 221 222 223 224 225 226 227 228 229 230 231 232 233 234 235
236 237 238 239 240 241 242 243 244 245 246 247 248 249 250 251 252 253 254 255
256 257 258 259 260 261 262 263 264

A

acquisition 图像采集

agrafe 订书钉

agrandissement 图片放大

anticipation 前瞻

B

bandeau 腰封

barre de contrôle 测控条

Benday 本戴色/点

bichromie 二色模式

blanchet 橡皮布

blanchissement 漂白

blanc de soutien 打底白色

blanc papier 白纸

blister 透明塑料罩

bloc intérieur 书芯

bobine 纸卷

bois 木头

boîte 纸盒

bon à façonner/relier 同意装订证明

bon à tirer 清样稿/同意付印

bon de commande 订单

bonnes feuilles 正确的印张

brief 概要

broché/brochure 宣传册

budget 预算

C

cahier 书帖

caisse 纸箱

calage 配准

carton 纸板

carton mousse 泡沫纸板

cellulose 纸浆

certification 认证

chaîne graphique 图像设计链

chromie 色彩/调色

chromiste 调色师

CMJN CMYK印刷四色（青/品红/黄/黑）

code à barres 条形码

coffret 书套

commande 订货/订单

conditionnement 包装

conflit 争端

constance 稳定性/一致性

contre-fibre 反纤维方向

couleur 颜色

coupe à vif 外缘裁切

couture Singer 胜家缝制

couverture 封面

crénelage 锯齿

CTP 计算机直接到印版

cuir 皮革

cylindre 滚筒

D

découpe 裁切/切割

définition 清晰度

défonce 挖空/留白

délais 时限/期限

densité 密度

densitomètre 密度仪

dépliant 折页

détourage 裁剪

devis 价单

directeur artistique 艺术总监

dos carré 方形书脊

dos collé 胶装

dos cousu 线装

dos piqué 钉装书脊

dot 点/网点

DPI 每英寸点数

duotone 双色调

E

échantillons 样品

élargissement du point 网点增大

emballage 包装

embossage 击凸

encoche 凹槽

encre 墨水/油墨

épair 匀度

épaisseur 厚度

EPS Encapsulated Post Script的缩写

épreuves 样张

espace colorimétrique 色彩空间

étui 罩/套

F

fabricant 制作人/制作商

façonnage 装订/装帧

facture 发票

fer à chaud 热烫印

fer à sec 冷烫印

feuillet 纸张/页面

fibre 纤维

fibre (sens de) 纤维方向

fidélité 保真度

filet 铅线

film unitaire 独立薄膜

flexographie 柔版印刷

FOGRA FOGRA协会，德国FOGRA印艺技术研究会的简称

foil 箔

fond perdu 出血

format 尺寸

format à la française 法兰西式尺寸（纵向尺寸）

format à l'italienne 意大利式尺寸（横向尺寸）

format machine 机器尺寸/规格

format optimisé 优化尺寸

format papier 纸张尺寸

format rogné 裁切尺寸

frais fixes 固定开支/固定费用

frais variables 可变成本

FSC® 森林管理委员会

G

gâche 浪费

gamme chromatique 色域/色彩范围

gamut 色域

gaufrage 凹凸花纹/压花

gestion de la couleur 色彩管理

GIF GIF格式

gouttière 书沟

grécage 把书脊锯成小口/铣背

grammage 定量/克数

graphiste 平面设计师/图像设计师

gravure laser 激光雕刻

H

héliogravure 照相凹版印刷

hexachromie 六色印刷

I

ICC ICC配置文件

Illustrator Adobe公司推出的基于矢量的图形制作软件

image numérique 电子图像/数字图像

image vectorielle 矢量图像

imposition 装版/拼版

impression 印刷

impression numérique 数字印刷

imprimeur 印刷商/印刷人员

InDesign Adobe公司推出的用于各种印刷品的排版编辑的软件

intercalaire 插入页

J

jaquette 护封

jaspage 辊边

JPEG JPEG格式

K

kraft 牛皮纸

L

label 认证标签

laize 幅宽

leporello 莱波雷诺式装订

linéature 加网线数

livraison 送货

lumière 光线

M

maculage 油墨污渍

main 松厚度

manga 漫画

maquette en blanc 空白模型/空白样书/空白样本

massicotage/massicoter 切纸

métal 金属

mise en page 排版

moirage/moiré 摩尔纹

moleskine 莫勒斯金式

mors 书槽

N

négociation/négocier 协商

norme 标准

nuancier 样品卡/色卡

O

offset（impression） 胶印，胶版印刷术

offset（papier） 胶印纸

opacité 不透明度

optimisation 优化

P

pages de garde 衬页

pagination 分页

palette（colorimétrique） 调色板

palette（de livraison）（贮运货物用的）底托，货盘，托盘

Pantone 潘通色/专色

papetier 造纸商

papier 纸张

papier bible 圣经纸

papier bouffant 原纸

papier brillant 光面涂布纸

papier calandré 压光纸

papier couché 涂布纸

papier couché mat 亚光涂布纸

papier journal 新闻纸

papier mat 亚光纸

papier mat à main 亚光松厚纸

papier offset, voir offset（papier） 胶印纸

PDF PDF文件

PEFC 森林认证体系认可计划

pelliculage 薄膜

photograveur 制版师

photogravure 制版

Photoshop Adobe Systems开发和发行的图像处理软件

pigment 颜料

planning 时间表，计划表，进度表/进度计划表

Plexiglas 有机玻璃

pliage 折页

pliage japonais ou chinois 筒子页

PNG PNG 格式

point de blanc 白点

PPI 每英寸像素数量（英语）

PPP 每英寸像素数量（法语）

prépresse 印前/印前工作

profil 颜色配置文件

PVC PVC膜

Q

quadrichromie 四色印刷

QR code 二维码

R

rabat 襟翼/勒口

raccord 拼接/衔接/连接）

ratés 失败/失误

RAW RAW文件

réduction 缩小

rééchantillonnage 重采样

relié/reliure 精装

reliure bodonienne 博多尼式精装（装订）

reliure cartonnée 硬皮精装

reliure intégra 简易精装（假精装）

reliure suisse 瑞士精装

repérage 套准

résolution 分辨率

restitution 复原，还原，重现，恢复/图像
再现

retouche 润饰/修图

RIP 光栅图像处理器

rogne 裁剪，修剪/裁切

rotative 轮转印刷机

roulage 运转

RVB RGB

S

scanner 扫描仪

sérigraphie 丝网印刷

simili 印版

spectre 光谱

spirale 螺旋线圈装订

sublimation 热升华印花

synthèse additive 加色模式

synthèse soustractive 减色模式

T

tampographie 移印

taux de superposition 重叠率，叠加率，覆盖
率/网点覆盖率

textiles 纺织品/布料/织物

texture 质地/纹理

TIFF TIFF格式

tirage 印刷/印刷量

toile 帆布

ton continu 连续色调

toner 墨

traceur 绘图仪

trame 网版（帧）/网点

trame stochastique ou aléatoire 随机或任意网
版/点

tranche dorée 辄边

transfert céramique 贴花印制法

transport 运输

trapping 陷印

trichromie 三色印刷/三色

TVA 增值税

V

validation 验证/确认

vernis acrylique 丙烯酸清漆（上漆）

vernis de protection 保护清漆

vernis gonflant 浮雕清漆

vernis offset 胶印清漆（上漆）

vernis pleine page 整页上漆

vernis point sur point 点对点上漆

vernis sélectif 选择性上漆

vernis sérigraphique 丝印清漆

vernis UV UV清漆

verre 玻璃

volet 折

W

Wire' o YO线圈

致　谢

单靠我职业生涯中积累的所有经验都不足以支撑这本书面世。我受益于同行们宝贵的建议。

吉勒·塔拉尔（Gilles Tarral），一位出版商和教育学家，他将良好的人际关系和对话作为职业工作的基础。他扮演了左脑的角色，他从哲学中获取灵感，为我提出了本书创作的关键词。

如果说良好的感知和决策能力都存在于右脑，那么卡罗琳·穆捷（Caroline Moutier）则扮演了这一角色，作为艺术总监，她出色地完成了排版这项结构性任务。

整个写作过程，因为得到两位大人物的支持，才得以顺利进行：安东尼奥·马费伊斯（Antonio Maffeis），我的老搭档，他将印刷油墨、纸张、机器和印刷技术方面的知识向我倾囊相授；弗朗索瓦·费尔（François Fert），才华横溢和知识渊博的调色师，多年来他一直按照我的要求准确地再现图像。

我还要感谢以下各位提供的技术支持：克里斯托夫·鲁（Christophe Roux）、Apex 平面设计 & EtudeDK 公司，以及塞利娜·安托万（Céline Antoine）、托马·德勒隆（Thomas Drelon）、马拉·马里亚诺（Mara Mariano）、尼古拉·佩里耶（Nicolas Perrier）、阿梅莉·勒维（Amélie Revil）。非常感谢芭芭拉·加布里埃利（Barbara Gabrielli）和卡蒂亚·切拉尼（Catia Celani）以及整个 D'Auria 印刷团队的密切关注。

贝亚特丽斯·德克鲁瓦（Béatrice Decroix）制作的精美儿童绘本中弗洛朗斯·吉罗（Florence Guiraud）、弗雷德里克·马雷（Frédéric Marais）和卡里纳·迪赛（Carine Deasay）的插图帮助我阐明了许多观点。非常感谢卡特琳·努里（Catherine Noury）、安娜-丽斯·布鲁瓦耶（Anne-Lise Broyer）、克莱茫·博尔德里（Clément Borderie）和纳塔莉·朱诺-蓬萨尔（Nathalie Junod-Ponsard）提供的图片。

我的编辑塞利娜·雷梅希多（Céline Remechido）和克里斯泰勒·杜耶尔（Christelle Doyelle）是这本书的发起者和关键人物，在此对她们的参与表达诚挚的谢意。

作者简介

本书作者玛格丽塔·马里亚诺（Margherita Mariano）拥有那不勒斯大学的法国文学硕士学位，自 20 世纪 80 年代以来她一直居住在法国，从事印刷品制作工作超过 35 年。她曾在意大利著名的图书出版集团蒙达多利（Mondadori）工作，正是这期间，她开始在维罗纳（意大利北部城市）的一家大型印刷厂学习这门技术。然后，她在 Arbook（一家专门制作精美书籍的创意工作室）和（法国）EPA 出版社工作，随后成立了她的第一家公司：法国色彩扫描（Colorscan France），这是世界上最大的制版公司之一的子公司，总部位于新加坡。同时，她还作为自由制作人，与法国弗拉马利翁（Flammarion）出版社合作，专注于书籍的制作。1998 年，她创立了 Ex Fabrica 公司，开始承接一些小型出版社、机构、大公司的外包业务，其中不乏长达数年的项目。此外，她还协助一些艺术家和图书作者完成独立出版项目。

玛格丽塔·马里亚诺会定期举办与印刷品制作有关的短期培训课程，并提供与出版相关的实习工作。

通过不断地把印前和印刷工作结合起来，她以既务实又独立的方式跟进这两个领域的技术发展。她在业界一直发挥着积极的作用，不停地验证和更新自己的工作方法。

后　记

　　印刷品制作与缝纫是两个十分相似的领域，前者是我的职业，后者是我的爱好。两者都会涉及纹理、材质、印刷内容、缝纫机和切割机，每次当我打开"缝纫用品柜"时，都能选用不同的颜色和材料来装饰印刷品。无论是管理一个极其庞大的印刷品制作项目，还是从事一项微不足道的制作工作，我都能从中体会到同样的乐趣，就像裁缝完成一件没有任何褶皱、做工精良的衣服时一样快乐。我们能通过实践、交流甚至犯错学到很多东西。如果你的目标是追求完美，当你在制作过程中遇到那些不可避免的错误时，请学会接纳它们，把它们当作一个教训即可。在本书中，你可能会发现一些小问题，多半是我或我的同行造成的，这些问题比冗长的解释更能说明一个事实：随着时间的推移，人们会慢慢知道如何避免出错。我希望你在读完本书时已经学习到了一些避免踩坑的秘诀，无论遇到什么情况，都请保持从容和淡定，更重要的是通过逐步地学习，掌握这个由古代技术不断改良并发展至今的最先进技术的美好职业，我相信你会从中获得乐趣。对于此刻正在阅读本书的读者，谢谢你们没有因为部分枯燥乏味的内容而丧失阅读的兴趣，对于每一位忠实的读者，我谨致以最衷心的谢意。